"十一五"国家重点图书出版规划项目

维持西北内陆河
健康生命

主　编　李国英

副主编　常炳炎　李景宁

黄河水利出版社

郑　州

维 持 西 北 内 陆 河 健 康 生 命

内 容 提 要

　　西北内陆河地区幅员辽阔、干旱少雨、荒漠广布、生态环境脆弱，分布其间的内陆河为该地区经济社会发展和生态系统维持的生命线。本书分析了西北内陆河因过度开发而出现的种种危机，以及因人类活动的惯性力量而将会遇到的严峻挑战。提出西北内陆河治理开发与管理的终极目标是维持其健康生命，主要标志为四个稳定：河湖畅通，地表水系稳定；采补平衡，地下水位稳定；绿洲不萎缩，生态系统稳定；污染不超标，河流水质稳定。实现上述目标的主要途径有：实行水资源管理"三统一"，加强上游和尾闾地区的生态修复，限制人工绿洲的盲目扩张，节水型社会建设，强化经济杠杆作用，强化水资源保护，建立和完善法制体系，加大资金投入力度，让维持西北内陆河健康生命成为全社会的共识和自觉行动等。

维 持 西 北 内 陆 河 健 康 生 命

前 言

  西北内陆河地区总面积219万km²，横跨新疆、青海、甘肃、内蒙古四省(区)，地域辽阔，区位重要，土地与矿产资源丰富，自古以来就是东西方文化、物资交流与汇聚之地。随着我国西部国土资源开发步伐的加快，西北内陆河地区无论在经济社会发展、国际贸易交往，还是在民族团结、国防建设和边疆稳定等方面都具有十分重要的战略地位。由于深居内陆、干旱少雨、荒漠广布、生态环境脆弱，致使这一地区土地与矿产资源开发利用乃至经济社会的全面发展受到严重制约。西北内陆河以其稀缺的水资源和河流绿洲为人类的生息繁衍、文明进步、经济社会发展提供了至关重要的生态屏障，成为地区可持续发展的生命线。在西北内陆河地区，处理好人与河流的关系，对于建设资源节约型、环境友好型社会，实现人与自然和谐相处具有十分重要的意义。

  黄河水利委员会是水利部在黄河流域和新疆、青海、甘肃、内蒙古内陆河区域内的派出机构，肩负着在黄河流域和西北内陆河地区代表水利部行使水行政主管职责的重要任务。在科学发展观的指引下，黄河水利委员会认真贯彻"从传统水利向现代水利转变，以水资源的可持续利用支持经济社会可持续发展"的现代治水思路，根据国家经济社会发展需要和黄河及西北内陆河管理工作实际，以河流代言人为己任，在实践中逐步形成了"维持河流健康生命"的治河理念。在初步构建了"维持黄河健康生命"理论体系、生产体系和伦理体系的基础上，黄河水利委员会决定系统开展西北内陆河治理方向的基础研究，并以此为支持编撰出版《维持西北内陆河健康生命》一书。

  本书由黄河水利委员会主任李国英担任主编，他对本书编撰的全过程进行了策划，起草了本书详细的编写提纲和部分章节内容,对部分重要文献进行了考证,并先后对全书进行了一审、二审、三审等三次系统修改,最终定稿。在具体工作中,黄委科学技术委员会专家常炳炎负责技术协调与汇总、全书统稿,并承担部分章节编写工作。黄委总工程师办公室主任李景宗负责人员组织与单位协调,对全书进行了初审并参与统稿。各章节编写与专题工作分工如下:①章节编写。第一章,吴强、向建新、常炳炎;第二章,吴强、姜丙洲、常炳炎;第三章,姜丙洲、郑利民;第四章,李清杰;第五章,刘斌、侯起秀、常炳炎、李国英;第六章,刘立斌、张锁成、常炳炎;第七章,张彦军、杨立彬、李国英。②专题研究。塔里木河,王建中、王福勇、裴勇、郑浩、周海鹰、王铁民;天山北麓诸河,张彦军、董雪娜;柴达木盆地诸河,董雪娜;青海湖,钱云平;疏勒河,刘争胜、张新海;黑河,周长春、谈小平、石培理;石羊河,肖素君、张新海;全书水资源区划与保护内容复核,宋世霞。③图片编辑:朱鹏、何颖、刘斌、刘立斌、王莉、张正明、常炳炎。④资料链接(附表与附图),刘争胜、王莉。

按照全国水资源综合规划工作的统一部署,自2003年以来,由黄委组织,黄河勘测规划设计有限公司牵头开展了"黄河流域(片)水资源综合规划"工作。其中《西北诸河水资源及其开发利用调查评价》专题成果以水资源分区为单元,系统调查统计了2000年自然地理与经济社会基本情况,为本书编写提供了系统全面的基础资料。

在本书的编写过程中,黄委科学技术委员会成立了以陈效国主任委员任组长,黄自强、冯国斌、席家治、李良年、侯全亮、张汝翼等专家组成的专家组,对初稿进行了全面系统的审议,提出了若干建设性意见,并被采纳。

中国科学院刘昌明院士,中国工程院石玉林院士、陈志恺院士，中国科学院夏军研究员，清华大学雷志栋教授和杨诗秀教授先后对本书征求意见稿进行了详细审阅，均提出了书面修改意见，编者据此对本书进行了修改和补充。

新疆、青海、甘肃、内蒙古水利厅，新疆生产建设兵团水利局、新疆塔里木河流域管理局等单位对本书的编写给予了大力支持，黄委有关部门、委属有关单位给予了积极配合，董保华、陈维达、郜国明、朱鹏等向本书提供了相关照片，黄河水利出版社为本书出版给予了高度重视并开展了卓有成效的工作。

本书的编辑出版倾注了许多人的心血，是集体劳动的成果与智慧的结晶。在本书付梓出版之际，特向上述单位、专家和工作人员表示衷心的感谢！

由于编者水平所限，以及西北内陆河地区地域辽阔，部分地区基础业务工作尚较薄弱等原因，书中难免疏漏不当之处，诚望读者批评指正。

编　者

2007年9月26日

维 持 西 北 内 陆 河 健 康 生 命

目　录

维 持 西 北 内 陆 河 健 康 生 命

西北内陆河概览

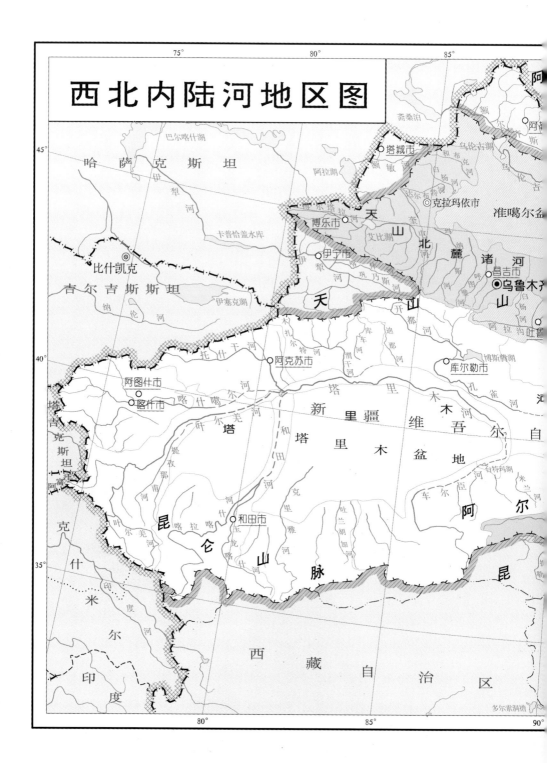

西北内陆河地区图

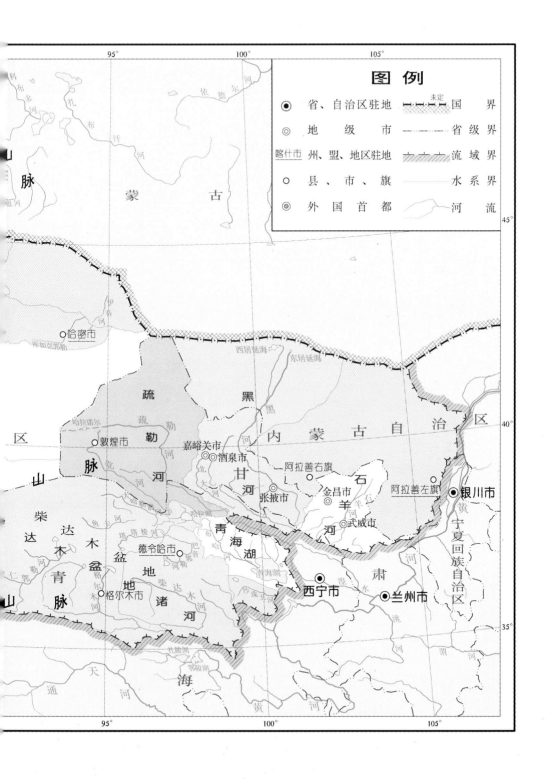

图 例

省、自治区驻地 | 国　　界（未定）
地　级　市 | 省　级　界
喀什市 州、盟、地区驻地 | 流　域　界
县、市、旗 | 水　系　界
外 国 首 都 | 河　　流

95°　　　　100°　　　　105°

科布多河

扎布汗河

依德尔河

蒙　　　古

45°

哈密市

库尔克郭勒

疏勒河　黑河　黑河

敦煌市

嘉峪关市

酒泉市

内　蒙　古　自　治　区

40°

阿拉善右旗

石

张掖市

金昌市

阿拉善左旗

银川市

柴　达　木　盆　地　诸　河

羊河

武威市

黄河

区

宁夏回族自治区

山　脉

疏勒河

党河

青海湖

甘　肃

德令哈市

格尔木市

柴达木河

西宁市

兰州市

洮河

渭河

黄河

海

通天河

黄河

95°　　　　100°　　　　105°

35°

生命之河

西北内陆河地区干旱少雨，蒸发强烈。有水为绿洲，无水则荒漠。

天山北麓玛纳斯河谷　玛纳斯河水利管理处网站

博斯腾湖畔　王福勇　摄

流入青海湖的倒淌河
燕华云　摄

奎屯河峡谷　董保华　摄

天山北麓三工河上游天池　新疆水利厅供

天山北麓赛里木湖
博乐市政府网

柴达木盆地的察尔汗盐湖
陈维达 摄

流入青海湖的沙柳河　燕华云　摄

黑河上游河道　周长春　摄

疏勒河　徐强　摄

进藏列车在格尔
木河边缓缓驶过
　　陈维达　摄

青海湖（二郎剑）
　燕华云　摄

乌鲁木齐河　新疆水利厅供

发源于昆仑山的格尔木河　陈维达　摄

塔里木河流域古老的龟兹古国——库车克孜尔千佛洞
王福勇 摄

世界文化遗产——敦煌莫高窟 白波 摄

乌鲁木齐市 新疆水利厅供

灌溉额济纳旗胡杨林的黑河水 周长春 摄

历史走过

　　极度干旱之地，生命之河一旦离去，必然导致绿洲不再、人徙城废、乃至"国"破家亡。楼兰、尼雅、交河、高昌、黑城，历史上有多少城邦以其曾经有过的辉煌和文明逝去的凄凉，向世人诉说河流离去之痛。

尼雅河故道　邹国明　摄

尼雅遗址（一）　新疆旅游网

尼雅遗址（二）　新疆旅游网

尼雅遗址（三）　邰国明　摄

楼兰遗址　杨洪 摄

米兰遗址
巴音郭楞蒙古自治州旅游网

黑城遗址
周长春 摄

怪树林（一）
高东风 摄

怪树林（二）　周长春 摄

车师古道
新疆旅游网

　位于新疆吐鲁番的交
河故城是古代西域诸国
之一的车师前国都城
新疆吐鲁番地区旅游网

高昌故城中遗留的宫殿　*新疆吐鲁番地区旅游网*

过度开发

20世纪以来，随着人口膨胀和经济社会用水剧增，大部分西北内陆河流先后被过度开发，从而导致河道断流、湖泊干涸、绿洲萎缩、土地沙化、沙尘暴肆虐、生态难民远走他乡。

治理前的塔里木河下游植被被枯槁，
衰败情况十分严重　范新刚　摄

沙进人退，疏勒河流域绿洲日趋萎缩
　　　　　　　疏勒河流域管理局网

在沙海中呻吟的胡杨树
　　疏勒河流域管理局网

因断流干涸的东居延海　石培理　摄

民勤县薛百乡长城村村民在沙丘边耕作
甘肃省水利厅供

石羊河沙漠化加剧　甘肃省水利厅供

治理前已经干涸多年并严重退化的塔里
木河下游河道　范新刚 摄

疏勒河流域缺水灌溉的农田　红柳网

民勤沙尘暴　甘肃省水利厅供

严重沙化的台特玛湖
湖底　范新刚 摄

沙尘暴袭击北京 新浪网

污染严重的石油河 郭刚 摄

人水和谐

在新的历史时期，以科学发展观为指导，合理调整人类生产活动，节约水资源，保护生态环境，维持河流健康生命，逐渐成为人们共识。以此为宗旨的流域水资源统一管理与综合治理工程于2000年率先在塔里木河与黑河流域全面展开，且已初见成效。石羊河、疏勒河、天山北麓诸河也已开始行动。

治理前干涸多年的塔里木河下游河道，技术人员正在测量，准备疏浚河道　范新刚　摄

塔里木河下游输水后的绿洲一派生机盎然的景象（图为英苏一带）　范新刚　摄

塔里木河阿瓦提县多浪奎坦木干渠节水工程　郑浩　摄

2000年冬季大西海子水库开闸，清澈的河水涌向干涸多年的塔里木河下游地区，为绿色走廊送去生命希望　范新刚　摄

塔里木河流域现代化的设施农业　王福勇　摄

塔里木河下游治理后，水草丰美，牧民返回家园，人水和谐相处　范新刚　摄

塔里木河下游输水后两岸植被
郁郁葱葱　范新刚　摄

孔雀河畔库尔勒呈现一派人水
和谐的画面　库尔勒市政府网

草滩庄引水枢纽——黑河进入河西走廊后的大型引水枢纽　周长春　摄

水过额济纳绿洲腹地——达莱库布镇　周长春　摄

黑河集中调水：水头向下游河道推进　周长春　摄

"电子眼"——服务于水
量调度工作的卫星监视系
统　周长春　摄

黑河下游河道过流　周长春　摄

黑河中游渠道衬砌
代君 摄

流向额济纳旗的黑
河水 吴强 摄

张掖节水型社会试点
张掖市水务局供

黑河调水期间中游地区所有引水口门全部关闭，集中向下游送水　代君　摄

综合治理后东居延海碧波荡漾生机盎然　周长春　摄

高原忧思

　　位于青藏高原的柴达木盆地诸河与青海湖流域，由于高寒缺氧，人口稀少，河流湖泊开发程度较低，总体上还处于自然、半自然状态。面向明天，人们在思索：

　　在西部大开发的进程中，柴达木盆地丰富矿藏将被重点开发。其间，河流如何提供有力支撑？盆地诸河的明天将会怎样？

　　由于干旱气候背景的原因，青海湖区水体总量补排失衡，湖面萎缩，水位下降，缓慢地走向新的平衡，同时也对区域生态环境产生不良影响。面对青海湖依其自身生命节律的演化，人类该不该做些什么？又能够做些什么？

静静的青海湖　朱鹏　摄

柴达木盆地的那仁郭勒河　邻国明　摄

青海湖畔天然植被
星海花树旅游网

青海湖——鸟的乐园
星海花树旅游网

克鲁克湖边悠闲的骆驼　陈维达　摄

日益萎缩的青海湖　互联网

柴达木盆地的都兰河
陈维达　摄

青海湖码头　朱鹏　摄

青海湖边的沙漠　泡泡网

发源于祁连山的巴音郭勒河　陈维达　摄

第一章

西北内陆河的重要战略地位

地球上的河流，以其尾闾归宿的不同而分为两种类型。流入海洋者称为外流河，以陆地上湖泊洼地为最终容泄区者称为内流河。我国西北地区，由于地域辽阔又干旱少雨，远离海洋且多高山阻隔，从而成为内流河集中分布的地区。又因深居内陆腹地，通常将西北内流河称为西北内陆河。西北内陆河普遍起源且径流形成于高寒山区，出山口后径流即被迅速消耗，最终归宿于尾闾地区的湖泊洼地。本书所述之西北内陆河，系指以我国西北地区境内湖泊洼地为最终归宿的内流河，不包括外流入海的额尔齐斯河及以境外湖泊为容泄区的伊犁河与额敏河。

第一节　流域概况

一、自然地理

西北内陆河地区，西起帕米尔高原国境线，东至阴山、贺兰山、乌鞘岭，北自国境线，南接羌塘高原，分别与黄河、长江、额尔齐斯河、伊犁河、额敏河流域及内蒙古高原内陆水系（巴彦淖尔市以东）、羌塘高原内陆水系为邻，地处东经 73°26′～106°58′、北纬 34°41′～47°58′，国土总面积 219 万 km² （见图 1-1），占全国国土总面积的 23%。其中新疆维吾尔自治区 142 万 km²、青海省 32 万 km²、甘肃省 22 万 km²、内蒙古自治区 23 万 km²。该区拥有漫长国境线，居住着许多不同的民族，自古以来就是东西方文化、物资交流与汇聚之地。随着我国西部国土资源开发步伐的加快，西北内陆河地区无论在经济社会发展、国际贸易交往，还是在民族团结、国防建设和边疆稳定等方面都具有十分重要的战略地位。

从西部帕米尔高原伸向本地区的主要山系有天山、喀喇昆仑山、昆仑山及余脉阿尔金山、祁连山，被诸山阻隔形成塔里木盆地、准噶尔盆地、柴达木盆地、青海湖盆地、河西走廊和阿拉善高原等地貌单

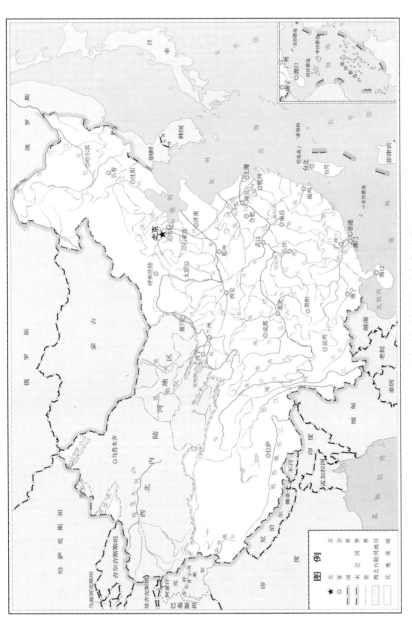

图1-1　西北内陆河地区在国土中的位置

远眺天山 张彦军 摄

元。区内高山巍峨，沙漠浩瀚，河流绿洲宛如串珠，穿插分布于山前和沙漠之间，形成我国西北内陆河地区奇特的地形地貌景观。其间，塔里木盆地西南海拔8 611m的乔戈里峰，为本区的最高峰，盆地东北部海拔-154m的艾丁湖，为世界上仅次于死海的第二低地。

西北内陆河地区深居欧亚大陆腹地，受蒙古高压和大陆气团控制，为典型大陆性气候。来自于地中海的水汽受阻于帕米尔高原后锐气大减，沿横断山脉峡谷北上的印度洋暖湿气流被东西走向的一系列平行高山阻挡，难以到达本区，从太平洋来的东南季风和暖流越过贺兰山的机会较少。因此，内陆河大部分地区干旱少雨，蒸发强烈，昼夜温差大，属内陆干旱乃至极度干旱地区。平原沙漠地区年平均气温4～8℃，日平均气温≥10℃年积温2 000～4 000℃，无霜期120～160天，日照时数2 550～3 600小时。区内年降水量大部分地区在50～600mm之间，平原地区多在200mm以下，部分沙漠戈壁地区甚至在10mm以下。水面年蒸发量多数地区在800～2 850mm（E601蒸发器，下同）之间，其分布规律与年降水相反，蒸发量大的地区降水量小，蒸发量小的地区降水量大。

该区因干旱少雨而使土地资源利用受到制约。在土地总面积中，现有耕地6 029万亩（1hm²=15亩，下同），仅占全区总面积的1.8%，而无开发利用条件的荒漠戈壁多达18.9亿亩，占全区总面积的58%。

本区地域广阔，物种富集，拥有许多珍稀宝贵物种，其中属于国家保护植物的如胡杨等，属于国家保护动物的如野牛、野驴、雪豹、天鹅等。

区域内矿产资源丰富，品种多、品位高、矿脉集中，开发价值巨大。在柴达木盆地，有30余种珍贵的盐湖资源，总储量2 400亿t。其中铷、锂、钾盐、镁盐和芒硝储量约占全国总储量的90%。石棉、蛇纹岩及多种工业用石英岩的储量，在全国同类矿藏储量位序中名列前茅。在石油和天然气储量方面，三大盆地的石油储量占西部九省（区）的75%。勘探表明在准噶尔盆地蕴藏着15个巨大的油气田，其中石油资源总储量86亿t，天然气资源总储量2.1万亿m³。在柴达木盆地探明油田16处，石油资源总储量12亿t；油气田6处，天然气资源总储量7 900亿m³。在塔里木盆地探明油气田27处，石油资源总储量4亿t，天然气资源总储量6 448亿m³。该区还有丰富的有色金属与稀土金属矿藏，河西走廊金川的镍矿保有储量占全国的70%以上，共生的铂族金属（包括铂、钯、锇、铱、锡、铑）储量占全国同类储量的五分之三。

新疆吐鲁番的火焰山   新疆旅游网

二、经济社会

（一）人口

西北内陆河地区分属新疆、青海、甘肃、内蒙古四省（区），居住着汉、维吾尔、回、藏、蒙古等18个民族。截至2000年底，该地区总人口2 041万人，占全国总人口的1.6%，其中城镇人口705万人，城镇化率34.5%。人口分布主要与当地的气候、地形、水资源条件密切相关，牧业人口主要分布在新疆北部、内蒙古内陆河区以及其他高原地区，农业人口主要分布在各个绿洲及山间盆地。其中，塔里木河、天山北麓诸河、石羊河流域总人口分别为859万人、518万人、225万人，合计占全区总人口的78%。

（二）经济

1949年以前，西北内陆河地区经济社会发展缓慢，人民生活贫困。新中国成立以来，经济发展和人民生活水平提高较快，但与我国东部和中部发达地区相比仍有较大差距。2000年国内生产总值(GDP)1 561亿元，人均7 648元，低于全国平均水平。其中，天山北麓诸河经济发展水平最高，2000年国内生产总值(GDP)737.5亿元，占西北内陆河地区的47%，人均14 248元，相当于西北内陆河地区平均水平的1.9倍。青海湖水系人烟稀少，经济不发达，2000年国内生产总值(GDP)7.3亿元，仅占西北内陆河地区的0.5%

西北内陆河地区人口稀少，土地与矿产资源相对丰富，随着国家西部大开发战略的实施，具有广阔发展前景。主要表现在：其一，资源优势明显。辽阔的土地资源和得天独厚的矿产资源为经济发展提供了宝贵空间。其二，区位优势独特。该区劳动力资源丰富，土地价格较低，市场潜力巨大，投资需求旺盛，借助欧亚大陆桥的开通、中亚能源通道的建设以及西部大开发的机遇，西北内陆河地区将具有十分广阔的发展空间。

1. 农牧业生产

西北内陆河地区2000年农业总产值520亿元，占全国农业总产值的 2.1%。农村人均农业产值 3 892 元，比全国平均水平高 806 元。2000 年粮食总产量 872 万 t，人均粮食 427kg，比全国人均水平高 27kg。从省（区）分析，新疆、甘肃粮食产量较高，分别为 625 万 t 和 233 万 t。人均粮食产量分别为 385kg 和 500kg，高于全国平均水平，粮食单产分别为 362kg/ 亩和 312kg/ 亩。内蒙古和青海粮食产量较低，人均粮食产量分别为 191kg 和 202kg，均低于全国平均水平。西北内陆河地区是我国主要的畜牧业基地，2000 年共有大小牲畜 4 840 万头，农牧民人均 3.6 头。

2．城镇与工业生产

西北内陆河地区共有城市 31 座，集中形成了河西走廊、天山北麓和环塔里木盆地三个城市工业带，拥有石油、钢铁、有色金属、煤炭、电力、化工、纺织、皮革等现代化工业。乌鲁木齐、克拉玛依、玉门、嘉峪关、金昌等地已成为我国西北地区初具规模的新兴工业基地。2000 年工业总产值 1 300 亿元，占全国的 1.5%。人均工业产值 6 369 元，比全国人均水平 6 768 元低 9%。工业增加值 517 亿元，占全国的 2%。人均工业增加值 2 533 元，比全国人均水平低 23%。

3．旅游业发展

西北内陆河地区地域广阔，文化遗迹遍布各地，具有丰富的旅游资源。敦煌，作为昔日丝绸之路上的交通要道和贸易重镇，一直是国内外游客向往的旅游热点地区。还有西域古道上的楼兰、高昌、交河、精绝、米兰故址，克孜尔、库木吐拉、柏孜克里克千佛洞等石窟艺术，西北多民族的文化、歌舞、服饰、饮食、建筑，以及风光迤逦的青海湖、巴音布鲁克大草原、胡杨林、阿尔金山自然保护区等，构成了丰富的旅游资源。

（三）宗教与文化

西北内陆河地区自古以来就是宗教文化比较繁盛的地区，伊斯兰教派和藏传佛教（黄教）是两大主要宗教，在西北少数民族中拥有广泛信众。

自古以来，西北内陆河地区便是中外文化交流的重要场所，拥有

敦煌月牙泉　疏勒河流域管理局网

众多极富特色的民族文化，保存至今的有新疆民歌、龟兹乐舞，以及拥有上百种丰富曲调的青海民歌"花儿"等。但是，由于受到传统习惯和经济发展水平的制约，人民受教育水平较低，尤其部分落后地区成人中文盲半文盲人口还占有相当比重，明显落后于我国中东部地区。

三、水资源

（一）降水

西北内陆河地区深处欧亚大陆腹地，气候干旱，但天山、昆仑山、阿尔金山、帕米尔高原等高山组成的高大山脉阻挡西来水汽，抬升增加了高山地区的降水量，孕育了许多山地冰川，为荒漠绿洲的发展提供了重要水源。

西北内陆河地区多年平均降水量161mm，降水总量3 533亿m³。降水的空间分布十分不均，具有山地多于平原、垂直分带性显著的特点。从塔里木盆地的沙漠腹地向西到帕米尔高原，向南达昆仑山，向北到天山，降水量从不足20mm逐渐增大到600mm以上。柴达木盆地周边降水量在100～200mm之间，盆地内部大部分地区在50mm以下，中心部位降水量则不足20mm。河西走廊一带降水从南向北、自东向西减少，从祁连山、乌鞘岭到北部的沙漠，降水量从400～600mm迅速衰减到50mm以下。一年之中，冬季降水最少而夏季降水较丰，6～9月降水量占到全年降水量的三分之二以上。

（二）水资源量

西北内陆河多年平均地表水资源620亿m³（未计入大型湖泊湖面降水），折合径流深28.3mm，地下水资源年均补给量（矿化度≤2g/L且与地表水资源不重复部分）60亿m³，以此计算多年平均水资源总量680亿m³，其中地表水资源占91%。水资源的空间分布十分不均，主要集中于山区，尤其集中于中山区。其中，塔里木河流域的源流区和天山北麓诸河水资源相对较丰，这两个地区面积仅占西北内陆河地区的35%，却拥有484亿m³水资源，占西北内陆河水资源总量的71%。

（三）水资源特点

西北内陆河地区自然环境的突出特点是干旱缺水荒漠化，其核心是水资源贫乏且分布不均。黄河是我国北方重要的缺水流域，与黄河相比，西北内陆河气候更干旱、水资源更贫乏、经济社会与生态环境缺水更严重。

西北内陆河地区多年平均降水161mm，相当于黄河流域466mm的35%，说明降水之缺乏，干旱之严重。以水资源总量计，西北内陆河地区多年平均产水模数3.1万m³/km²，约相当于黄河流域8.7万m³/km²和中国北方地区8.8万m³/km²的35%，以及全国多年平均产水模数29.3万m³/km²的11%。西北内陆河地区水系之间，产水丰枯差异悬殊。其中最丰的是青海湖水系，当计入湖面降水后产水模数达12.8万m³/km²。其次为天山北麓诸河7.7万m³/km²、石羊河4.3万m³/km²。最枯的柴达木盆地诸河产水模数只有2.1万m³/km²，仅相当于黄河流域的24%。西北内陆河七大流域普遍分布有沙漠戈壁，降雨少产水少是最根本的原因。其间部分地区，全部水资源尚难以维持当地生态系统的基本平衡，属于生态与环境极度脆弱地区。

阿克苏河流域塔里木拦河闸　王福勇　摄

　　西北内陆河地区降水稀少且集中于山区，人口集中、经济发达的中下游绿洲带主要依靠开采地表与地下水资源支撑经济社会的发展。西北内陆河地区2000年总人口2 041万人，耕地面积6 029万亩，人均水资源量3 333m³，耕地亩均水资源量1 128m³，但是地区差异很大。例如石羊河流域，人均水资源量788m³，稍高于黄河流域，亩均水资源量仅283m³，已接近以色列国的水平。

（四）水资源开发利用

　　新中国成立以来，西北内陆河地区修建了大量的蓄水、引水工程，为开发利用水资源提供了重要的基础设施，对促进地区经济社会发展起到重要作用。其中兴建蓄水工程719座，蓄水总库容88亿 m³。引水工程1 243处，供水能力388亿 m³。提水工程598处，供水能力4.3亿 m³。2000年总灌溉面积6 486万亩，其中农田、林果地、草场及鱼塘分别为4 608万亩、1 033万亩、830万亩和15万亩，当年农田灌溉面积已占耕地总面积的76%。

　　2000年西北内陆河地区经济社会用水量497亿m³，耗水量343亿m³，分别占水资源总量的73%和50%，已达较高水平。其中，开采地下水73亿m³，占总用水量的15%。主要用水部门是农业灌溉，2000年用水473亿m³，耗水330亿m³，均占总引水量和总耗水量的95%以上。工业与城乡生活用水24亿m³，耗水13亿m³，分别占总引水量和总耗水量的4.8%与3.8%。经济社会用水高度集中于塔里木河源流区，年耗水量达183亿m³，占西北内陆河地区年总耗水量的53%。

四、主要河流

西北内陆河地区依地貌可分为塔里木盆地、准噶尔盆地、柴达木盆地、青海湖盆地和河西走廊、阿拉善高原等独立地貌单元。这些地貌单元均为高山环抱，除青海湖盆地中心是青海湖外，其他盆地中心都分布着广袤的沙漠，这就决定了西北内陆河的形成必然以分散的中小河流为主，计有独立出山口和常流水的大小河流500余条，其中径流量接近或大于10亿m³的河流有10余条。这些河流以高山降水和冰川积雪融水为主要水源，流经山前冲洪积平原，归宿于沙漠中的湖泊湿地或消失于沙漠中。我国西北地区较大的内陆河与著名的大沙漠均分布于此，相生相伴。

西北内陆河地区分布着塔里木河、天山北麓诸河、柴达木盆地诸河、青海湖、疏勒河、黑河、石羊河七大"水系"，其流域总面积179万km²，水资源总量641亿m³，人口1 901万人，国内生产总值1 435亿元，分别占西北内陆河地区总量的82%、94%、93%、92%[1.1]。

（一）塔里木河

1.自然地理

塔里木河位于新疆自治区南部，是我国最大的内陆河。塔里木河流域是环塔里木盆地的阿克苏河、喀什噶尔河、叶尔羌河、和田河、开都河—孔雀河、迪那河、渭干河与库车河、克里雅河和车尔臣河九大水系144条河流的总称，国内流域面积100.3万km²(流域总面积102万km²)，其中山地占47%，平原区占20%，沙漠面积占33%（见图1-2）。综合考虑流域自然地理与水土资源条件、经济社会发展水平，将塔里木河流域划分为源流区、干流区、盆地荒漠区三个区划单元。

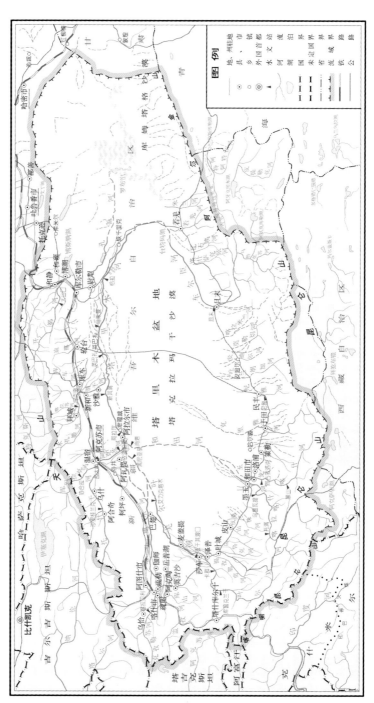

图1-2 塔里木河流域图

塔里木河：开闸灌溉　王福勇 摄

1）地貌特征[1,2]

流域北倚天山，西临帕米尔高原，南凭昆仑山、阿尔金山，中东部是塔克拉玛干沙漠和库姆塔格沙漠，三面高山耸立，地势西高东低。来自昆仑山、天山的河流搬运大量泥沙，堆积在山麓和平原区，形成广阔的冲洪积平原及三角洲平原。根据其成因、物质组成，山区以下分为三个地貌带：

山麓砾漠带：为河流出山口形成的冲洪积扇，主要为卵砾质沉积物，昆仑山北麓分布在海拔2 000～1 000m之间，宽30～40km。天山南麓分布在海拔1 300～1 000m之间，宽10～15km。地下水位较深，地面干燥，植被稀疏。

冲洪积平原绿洲带：位于山麓砾漠带与沙漠之间，由冲洪积扇下部及扇缘溢出带、河流中下游及三角洲组成。因受水源的制约，绿洲呈不连续分布。昆仑山北麓分布在海拔2 000～1 500m之间，宽5～120km。天山南麓分布在海拔1 200～920m之间，宽度较大，坡降平缓，水源充足，引水便利，是流域的农牧业分布区。

塔克拉玛干沙漠区：以流动沙丘为主，沙丘高大，形态复杂，主要有沙垄、新月形沙丘链、金字塔沙山等。

2）气候特征[1,2]

塔里木河流域远离海洋，地处中纬度欧亚大陆腹地，四周高山环绕，东部是塔克拉玛干沙漠，形成了干旱环境中典型的大陆性气候。其特点是：降水稀少、蒸发强烈，四季气候悬殊，温差大，多风沙、浮尘天气，日照时间长，光热资源丰富。气温年较差和日较差都很大，年平均日较差14～16℃，年最大日较差一般在25℃以上。年平均气温除高寒山区外多在3.3～12℃之间。夏热冬寒是大陆性气候的显著特征，夏季7月平均气温为20～30℃，冬季1月平均气温为-10～-20℃。

冲洪积平原及沙漠腹地日平均气温≥10℃年积温多在4 000℃以上，持续180～200天，在山区，日平均气温≥10℃年积温少于2 000℃。一般纬度北移1°，≥10℃年积温约减少100℃，持续天数缩短4天。按热量划分，塔里木河流域属于干旱暖温带。年日照时数2 550～3 500小时，平均太阳总辐射量为1 740kWh/(m²·a)，无霜期190～220天。

在远离海洋和高山环列的综合影响下，全流域降水稀少，多年平均年降水量为116.8mm。降水量地区分布差异很大，广大平原一般无降水径流发生，盆地中部存在大面积荒漠无流区。降水量总的分布趋势是北部多于南部，西部多于东部。山地多于平原，山地一般为200～500mm，盆地边缘50～80mm，东南缘20～30mm，盆地中心仅10mm左右。蒸发能力很强，一般山区为800～1 200mm，平原盆地1 600～2 200mm。干旱指数的分布具有明显的地带性规律：一般高寒山区小，在2～5之间。戈壁平原大，达20以上。绿洲平原次之，在5～20之间。自北向南、自西向东有增大的趋势。

2. 经济社会

流域跨新疆自治区南部5个地(州)的47个县(市)以及生产建设兵团4个师的55个团场。2000年总人口859万人，其中农业人口683万人，占总人口的80%。2000年农业灌溉面积3 284万亩，其中农田灌溉面积2 155万亩，林草灌溉面积1 125万亩。牲畜2 074万头，粮食总产量422万t，人均粮食492kg，国内生产总值(GDP)379.1亿元，人均4 412元，低于全疆平均水平。

经济社会生活主要集中在九源流区。2000年九源流区人口840万人，其中农业人口664万人，占总人口的79%。2000年农业灌溉面积3 147万亩，其中农田灌溉面积2 062万亩，林草灌溉面积1 081万亩。牲畜2 009万头，粮食总产量412万t，人均粮食490kg。国内生产总值(GDP)373.8亿元，人均4 450元。

2000年干流区总人口19万人，其中农业人口12.7万人，占总人口的66.7%。2000年农业灌溉面积137万亩，其中农田灌溉面积93万亩，林草灌溉面积44万亩；牲畜65万头，粮食总产量11万t，人均粮食579kg。国内生产总值(GDP)5.2亿元，人均2 737元。

3．河湖水系

塔里木河水系由九条源流、一条干流及三个尾闾湖泊所组成。

1）源流区

九大源流区地处塔里木盆地北、西、南三面高山环抱之中，总土地面积62.6万km²，涉及南疆5个地（州）及生产建设兵团4个农业师。河流发源于周边高山区，海拔4 000m以上终年积雪，现代冰川发育，降水量较大，是全流域的产流区。出山口以下，河流进入冲洪积平原并被引用形成人工绿洲。余水继续下泄，汇入塔里木河干流或进入沙漠腹地，形成局部天然绿洲。历史上塔里木河流域的九大水系均有水汇入塔里木河干流。由于人类活动与气候变化等影响，20世纪40年代以前，车尔臣河、克里雅河、迪那河相继与干流失去地表水联系，40年代以后喀什噶尔河、开都河—孔雀河、渭干河也逐渐脱离干流。目前与塔里木河干流有地表水联系的只有和田河、叶尔羌河和阿克苏河三条源流，孔雀河通过扬水站从博斯腾湖抽水经库塔干渠向塔里木河下游灌区输水，形成当前仍然保持水力联系的"四源一干"水系格局。

阿克苏河、叶尔羌河、和田河和开都河—孔雀河是塔里木河流域较大的4个水系，流域面积24.1万km²，占全流域面积的24%。多年平均水资源量274.88亿m³，占全流域水资源总量的74.4%，对塔里木河的形成、演化及全流域经济社会的发展都起着决定性作用。

　　阿克苏河由源自吉尔吉斯斯坦的库玛拉克河和托什干河两大支流组成，河流全长588km，两大支流在喀拉都维汇合后，流经山前平原区，在肖夹克汇入塔里木河干流。流域面积6.23万km²，其中山区面积4.32万km²，平原区面积1.91万km²[1,2]。

　　叶尔羌河发源于喀喇昆仑山北坡，由主流克勒青河和支流塔什库尔干河组成，进入平原区后，还有提孜那甫河、柯克亚河和乌鲁克河等支流独立水系。叶尔羌河全长1 165km，流域面积7.98万km²，其中山区面积5.69万km²，平原区面积2.29万km²。叶尔羌河在出平原灌区后，流经295km的沙漠段到达塔里木河干流[1,2]。

　　和田河上游的玉龙喀什河与喀拉喀什河，分别发源于昆仑山和喀喇昆仑山北麓，在阔什拉什汇合后，由南向北穿越塔克拉玛干沙漠319km后，汇入塔里木河干流。流域面积4.93万km²，其中山区面积3.80万km²，平原区面积1.13万km²[1,2]。

　　开都河—孔雀河流域面积4.96万km²，其中山区面积3.30万km²，平原区面积1.66万km²。开都河发源于天山中部，全长560km，流经100多km的焉耆盆地后注入博斯腾湖。博斯腾湖是我国最大的内陆淡水湖，湖面面积约1 000km²，容积81.5亿m³。从博斯腾湖流

塔里木河源流之一的开都河—孔雀河　新疆水利厅供

出后为孔雀河。20世纪20年代，孔雀河水曾注入罗布泊，河道全长942km，进入20世纪70年代后，流程缩短为520余km，1972年罗布泊完全干涸。随着入湖水量的减少，博斯腾湖水位下降，湖水出流难以满足孔雀河灌区农业生产需要。同时为加强博斯腾湖水循环，改善博斯腾湖水质，1982年修建了博斯腾湖抽水泵站及输水干渠，每年向孔雀河供水约10亿m³，其中约2.5亿m³水量通过库塔干渠输入恰拉水库灌区[1,2]。

2）干流区

塔里木河干流位于盆地腹地，从肖夹克至台特玛湖全长1 321km，流域面积3.16万km²，属平原型河流。从肖夹克至英巴扎为上游，河道长495km，河道纵坡1/4 600~1/6 300，河床下切深度2~4m，河道比较顺直，很少汊流，河道水面宽一般在500~1 000m，河漫滩发育，阶地不明显。英巴扎至恰拉为中游，河道长398km，河道纵坡1/5 700~1/7 700，水面宽一般在200~500m，河道弯曲，水流缓慢，土质松散，泥沙沉积严重，河床不断抬升，加之人为扒口，致使中游河段形成众多汊道。恰拉以下至台特玛湖为下游，河道长428km，河道纵坡较中游段大，为1/4 500~1/7 900，河

塔里木河景色 王汉冰 摄

床下切一般为3～5m，河床宽约100m，比较稳定[1,2]。

塔里木河尾闾是三个相对独立的洼地，北为罗布泊，海拔728～780m。中间是喀拉和顺湖，海拔788m。最南面是台特玛湖，海拔801～802m。历史上三个洼地曾形成三个湖泊，首尾相接，水流相连。

4.水资源

全流域多年平均地表水资源348.98亿m³，几乎全部集中于源流区，达348.93亿m³。其中阿克苏河、叶尔羌河、和田河和开都河—孔雀河分别为95.33亿m³、75.61亿m³、45.04亿m³和40.75亿m³，四源流合计地表水资源256.73亿m³，占全流域地表水资源总量的73.6%。全流域地下水资源与河川径流不重复量20.29亿m³，主要集中在源流区，达19.93亿m³。其中阿克苏河、叶尔羌河、和田河和开都河—孔雀河分别为11.36亿m³、2.64亿m³、2.34亿m³和1.81亿m³，四源流合计地下水资源与河川径流不重复量18.15亿m³，占全流域总量的89.5%。全流域水资源总量为369.22亿m³，主要集中在源流区，达368.86亿m³。其中阿克苏河、叶尔羌河、和田河和开都河—孔雀河分别为106.69亿m³、78.25亿m³、47.38亿m³和42.56亿m³，四源流合计水资源总量274.88亿m³，占全流域水资源总量的74.4%。

塔里木河产水于高山源流区，水质良好。据2000年地表水水质调查评价，源流区90%以上评价河长水质达到和优于地表水环境质量Ⅲ类标准，生活生产供水水质全部符合或优于Ⅲ类水质标准。干流区由于受地理环境因素及农田排水的影响，非汛期水质较差，河水矿化度在枯水季节已超过农田灌溉用水水质标准。全流域水质总体良好，且具有地表水优于地下水、源流河段优于干流河段、丰水期优于枯水期的一般特点[1,3]。

塔里木河源流水资源具有如下特点：其一，地表水资源形成于山区，消耗于平原区，冰川直接融水占总水量的48%。其二，地表径流的年际变化较小，四源流的最大和最小模比系数为1.36和0.79，而且各河流的丰枯多数年份不同步。其三，河川径流年内分配不均，6～9月来水量占到全年径流量的70%～80%，且多为洪水。其四，平原区地下水资源主要来自地表水转化补给，不重复地下水补给量仅占总水量的6.6%。其五，源流区天然水质良好。

2000年流域经济社会总用水量280.28亿m³，相当于全流域水资源总量的76%。按供水水源分，地表水源267.65亿m³，其中源流区地表供水253.4亿m³，分别占总供水量的95%和90%。按用水部门分，城乡生活及工业、农田灌溉、林牧渔业各用水5.35亿m³、201.93亿m³、73.00亿m³，分别占总用水量的2%、72%、26%，农林牧渔用水占总用水量的98%。按用水地区分，源流区用水量265.9亿m³，占全流域总用水量的95%。

2000年经济社会各部门总消耗水量192.2亿m³，占全部用水量的69%，相当于全流域水资源总量的52%。其中城乡生活及工业、农田灌溉、林牧渔业各耗水3.77亿m³、137.81亿m³、50.60亿m³，分别占经济社会各部门总耗水量的2%、72%、26%，农林牧渔耗水量占经济社会总耗水量的98%。按地区耗水分，源流区耗水量183.4亿m³，占全流域总耗水量的95%。

（二）天山北麓诸河

天山山脉自西向东连绵1 700余km，以天山为分水岭，在其北坡发育形成了若干独立河流，自南向北或流向湖泊洼地，或归于沙漠。天山北麓诸河范围，西起博尔塔拉蒙古自治州，东至哈密山区的伊吾—巴里坤盆地，南依天山，北至古尔班通古特沙漠南缘，总面积14.9万km²（见图1-3）。

1. 自然地理

该区地势南高北低，东高西低，北部准噶尔盆地边缘绿洲海拔1 000m左右，盆地中心海拔600m左右。北天山山体之间及北麓地形复杂，多山间盆地和低地，其间以西段艾比湖最低，海拔189m。这一地区属于典型的大陆性气候，日照充足，平原盆地日平均气温≥10℃年积温超过3 000℃，无霜期150～170天。在西风环流和北冰洋南下水汽的交互作用下，同时由于远离海洋和高大山体环列的综合影响，降水量的地区分布呈现出西部多于东部、山地多于平原、迎风坡大于背风坡的规律。山地年降水量一般为400～800mm，平原

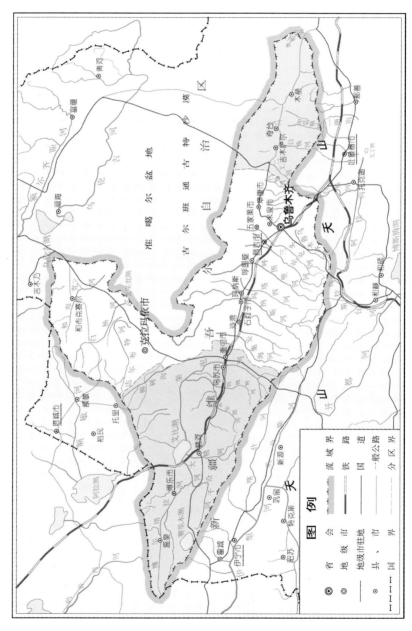

图1-3 天山北麓诸河流域图

盆地50~200mm。蒸发量反之，一般山区800~1 200mm，平原盆地1 600~2 200mm。在北疆独特的自然地理环境长期作用下，广泛分布着森林土、草甸土、荒漠土等土壤类型，黄土亦有广泛分布，为农牧业发展提供了丰富的土地资源。

该区南依天山，蕴藏着丰富的煤、铁、铜、镍、锌、磷灰石等多种矿产资源，北部荒漠地区地下蕴藏着丰富的石油和天然气。同时，天山北坡还有丰富的森林资源和天然牧场，山前冲积平原是广阔的绿洲。这些都为地区经济社会发展提供了良好的资源条件。

2．经济社会

天山北麓地区包括博尔塔拉蒙古自治州、塔城地区、克拉玛依市、奎屯市、石河子市、乌鲁木齐市、昌吉州、吐鲁番地区的20个县市，以及新疆生产建设兵团的农五师、农六师、农七师、农八师、农十二师的若干团场。该区资源富集、区位重要、经济发达、人口稠密、文化荟萃，自古以来就是新疆的政治经济文化中心地区。依托便利的水资源、丰富的土地资源、光热资源、矿产资源，以及重要的区位优势，形成了我国西部重要的工农业生产基地，在21世纪我国西部开发的战略布局中，被称为天山北麓经济带。农业方面，从乌鲁木齐向西经昌吉、呼图壁、玛纳斯、沙湾、乌苏一带，绿洲连片，是以粮食、棉花、蔬菜瓜果为主体的农副产品生产基地。工业方面，形成了以钢铁、电力、石油化工、机械、电子、纺织、食品为主体且较为完整的工业体系。新疆维吾尔自治区首府乌鲁木齐，以及石河子、克拉玛依、奎屯等经济重镇密布其间。

2000年总人口517.6万人，其中城镇人口321.2万人，农牧业人口196.4万人，城镇化率62.1%。耕地1 624万亩，其中农田有效灌溉面积1 355万亩，耕地灌溉率83%。人口密度34.7人/km²，农业人均耕地8.3亩，人均农田有效灌溉面积6.9亩。2000年粮食总产量177万t，牲畜存栏909万头。工业总产值732亿元，农业总产值139.8亿元。国内生产总值(GDP)737.5亿元，人均14 248元。

3．河湖水系

该区河流发源于天山，计有大小河流123条，其中年径流量

1亿m³以上的16条，均以天山北麓的冰雪雨水为主要补给源。河流出山口后，在山前过渡带变化很快，有的河流渗入地下，在平原前缘又以地下水的形式溢出地表形成泉水和泉集河，较小的河流或变为季节性河段或消失于山前洪积平原戈壁之中，只有少数水量较大的河流才能流入准噶尔盆地的沙漠。天山北麓诸河依地形和水系可划分为西、中、东三段：西段指以艾比湖为归宿的环湖诸河，共同形成了艾比湖流域。中、东段以乌鲁木齐为界，中段诸河河流较多，水量较丰，人工绿洲已相连成片。东段诸河河流短小，人口稀少，草原牧场广布，人工绿洲散布其间。

1）西段艾比湖流域

艾比湖位于天山北麓西段，是准噶尔盆地西南缘的最低汇水中心，湖区富含镁盐，为一盐湖，近年湖面面积波动在500～800km²之间。艾比湖汇纳环湖诸河后，构成艾比湖水系，地跨博尔塔拉蒙古自治州、奎屯市，以及塔城地区和克拉玛依市的部分地区，流域总面积4.98万km²。年均降水量294mm，年均径流量42.19亿m³，年均径流深85mm。环湖有大小23条河流汇入，主要是博尔塔拉河、精河、奎屯河等。

博尔塔拉河发源于西部国境线，自西向东沿程汇纳乌尔达克赛河等大小河沟和泉群后，流入艾比湖，干流全长252km，流域面积1.14万km²，多年平均径流量4.73亿m³。

精河发源于艾比湖南部婆罗科努山北坡，自南向北汇入艾比湖，干流全长114km，流域面积0.22万km²，多年平均径流量4.72亿m³。

奎屯河发源于天山北麓，流域位于艾比湖区东南方，干流全长320km，流域面积2.83万km²，多年平均径流量6.59亿m³。

2）中段诸河

天山北麓中段诸河西接艾比湖水系的奎屯河，往东止于白杨河而与东段诸河相连。地跨克拉玛依市、石河子市、乌鲁木齐市、昌吉州、塔城地区的沙湾、和布克赛尔县，以及巴音郭楞州和静县和吐鲁番地区托克逊县的少部分地区，总面积8.14万km²，占天山北麓诸河总面积的55%。年均降水量274mm，年均径流量53.51亿m³，年均径流深66mm。该区经济发达，人口稠密，乌鲁木齐、石河子、克拉玛依等工业重镇位于本区。2000年总人口375万人，占天山北麓诸河总人口的73%，人口密度达46人/km²。区内主要河流有玛纳斯河、呼图壁河、乌鲁木齐河，以及巴音沟河、金沟河、塔西河、三屯河、头屯河、白杨河等。

玛纳斯河发源于天山中部冰川区，是天山北麓最大的河流，流经石河子市、克拉玛依市等工业重镇，干流全长450km，流域面积1.07万km²，年均径流量13.2亿m³，尾闾为玛纳斯湖。

呼图壁河发源于天山北麓喀拉马成山，流经呼图壁县城，再向北

天山北麓中段玛纳斯河　玛纳斯河水利管理处网

流消失于沙漠中，干流全长258km，流域面积1.03万km²，年均径流量4.71亿m³。

乌鲁木齐河发源于天山北麓连哈比尕山分水岭，流经新疆维吾尔自治区首府乌鲁木齐市，再向北归宿于准噶尔盆地南缘洼地东道海子，干流全长213km，年均径流量2.36亿m³。

3）东段诸河

天山北麓东段诸河西接中部白杨河，东到哈密盆地，包括昌吉州的奇台、吉木萨尔、木垒哈萨克自治县，流域总面积1.77万km²。年均降水量186mm，年均径流量9.87亿m³，年均径流深56mm。东段诸

乌鲁木齐河尾闾东道海子 张彦军 摄

河由于所在天山山势较低，产水较少，致使河网稀疏，较大河流仅有开垦河，年均径流量1.61亿m³。

4．水资源

天山北麓诸河多年平均地表水资源量105.57亿m，与地表水资源不重复的地下水资源补给量9.71亿m³，总水资源量115.3亿m³。

该区被称为天山北麓经济带，集中了全疆29%的人口、50%以上的国内生产总值、29%的灌溉面积，以及83%的重工业、62%的轻工业和40%以上的科技力量。2000年全区供水量96.4亿m³，其中城乡生活和工业供水量9.3亿m³，仅占总供水量的9.6%，农业供水占90%以上。2000年耗水量67.5亿m³，占供水量的70%，相当于全区水资源总量的59%。耗水量中，农田灌溉耗水量54.8亿m³，占总耗水量的81%。

（三）柴达木盆地诸河

柴达木盆地位于青海省西部，是青藏高原北缘上一个巨大的山间构造盆地，东西长约800km，南北宽约300km，面积27.51万km²，是我国四大盆地之一。盆地四周高山环抱，地势高亢，盆地中间则地势低平。发源于周边山区的河流数目多而分散，流程短，并从盆地四周向盆地中间的几十个湖泊洼地汇聚，形成了若干以分散独立的尾闾湖泊洼地为归宿的河湖群，被统称为柴达木盆地诸河（见图1-4）。

1. 自然地理

柴达木盆地是由昆仑山、阿尔金山和祁连山所环抱的高原型荒漠大盆地，四周山体和高原平均海拔达4 000m以上，盆地中心地势相对低平，最底部的达布逊湖和霍鲁逊湖区，平均海拔2 675m。盆地所处地形决定了其海拔高、积温低、高寒缺氧、空气干燥、少雨多风的自然特征。7月份盆地多年平均气温13.6～19.2℃，山区5.6～10.4℃。1月份盆地多年平均气温-9.38～-13.9℃，山区-14.7～-17.2℃。1月平均气温低于-10℃，7月平均气温可达13.5℃以上。日平均气温≥10℃年积温自1 300℃至2 000℃以上，植物生长期短，积温低，生长缓慢。盆地降水稀少，降水量自东向西急剧减少，盆地东缘茶卡地区可达200mm，至盆地西部最低不及20mm。蒸发量分布规律与降水相反，自东部地区的2 000mm升至盆地西部的3 000mm以上，从而导致干燥度也由东向西急剧升高。

柴达木盆地具有丰富的矿产资源，被誉为我国西部的"财富盆地"而具有重要价值。盆地已探明盐湖储量3 000亿t，潜在经济价值达12万亿元，是全球为数不多的盐湖资源之一。此外，盆地还拥有储量丰富的石油、天然气、有色金属和非金属矿等多种矿产，全部矿产资源潜在经济价值占青海省的90%以上，在全国也具有十分重要的经济价值。

柴达木盆地由于自然环境恶劣，人口稀少，致使野生动物资源种类较多，其中属于国家一类保护动物17种(如藏羚羊等)，二类保护动物22种。

2. 经济社会

本区行政区划主要属于青海省海西蒙古族藏族自治州，少部分属于青海玉树藏族自治州、果洛藏族自治州和新疆巴音郭楞蒙古自治州。2000年统计总人口32.52万人，其中城镇人口22.45万人，占69%。人口分布与城镇工矿点和绿洲农业相一致，呈极为稀疏的分散斑点状散布于广大戈壁荒漠之间，其中仅格尔木和德令哈两市就占全

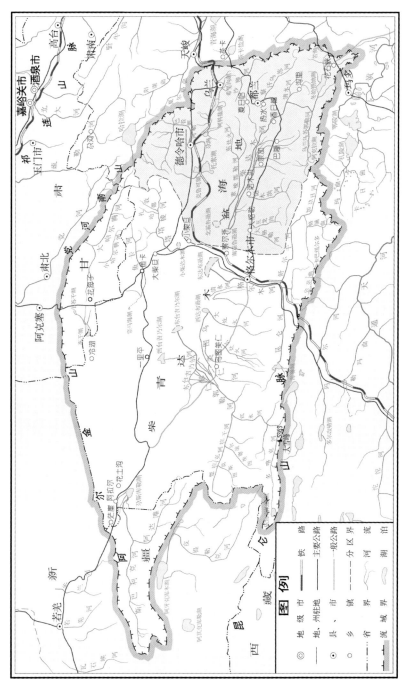

图1—4 柴达木盆地诸河流域图

区总人口的60%左右。

2000年全区工业产值67.45亿元，城市工业人均30 045元。农业产值3.37亿元，农村人均3 347元。国内生产总值(GDP)51.83亿元，人均15 938元。2000年柴达木盆地已形成年产原油120万t、成品油70万t、钾肥40万t的生产能力，成为西北地区的能源基地之一和西藏地区的后勤保障基地，也是我国唯一的大型钾肥工业基地。2000年柴达木盆地有耕地面积70万亩，农田有效灌溉面积61万亩，粮食产量8万t，牲畜193万头。

3．河湖水系

柴达木盆地集水面积在500km²以上的河流有53条，其中常年有水的河流40余条，分别归宿于8个湖泊洼地。人们依习惯按照尾闾湖泊洼地划分并命名为8个水系，各水系主要河流情况如下。

1) 那仁郭勒河(东西台吉乃尔湖水系)

那仁郭勒河是柴达木盆地最大的河流，发源于东昆仑山海拔6 860m的布喀达坂峰，北流归宿于东西台吉乃尔湖。干流全长440km，出山口以上流域面积2.08万km²，多年平均径流量10.3亿m³。

2) 格尔木诸河(东西达布逊湖水系)

格尔木河是柴达木盆地的第二大河，发源于盆地南部昆仑山北坡，流经格尔木市，归宿于东达布逊湖。河长323km，出山口以上流域面积1.9万km²，多年平均径流量7.66亿m³。

乌图美仁河位于那仁郭勒河以东20km，源自东昆仑山北翼支脉，最后注入西达布逊湖(涩聂湖)。河长154km，出山口以上流域面积0.62万km²，多年平均径流量1.01亿m³。

3) 柴达木诸河(南北霍鲁逊湖水系)

柴达木河上游称香日德河，源于布尔汗布达山和阿尼玛卿山，北流归宿于南霍鲁逊湖。河长231km，出山口以上流域面积1.23万km²，多年平均径流量4.53亿m³。

诺木洪河发源于布尔汗布达山北坡，历史上曾是柴达木河支流，因河水减少及沿途消耗，现已与干流脱离水力联系，亦不再有水注入霍鲁逊湖。河长123km，出山口以上流域面积0.38万km²，多年平均

发源于昆仑山的格尔木河　陈维达 摄

径流量1.55亿m³。

察汗乌苏河又名都兰河，源出鄂拉山，历史上曾为柴达木河支流，现已与干流脱离水力联系，亦不再有水注入霍鲁逊湖。河长152km，出山口以上流域面积0.44万km²，多年平均径流量1.54亿m³。

4）巴音郭勒河(可鲁克湖—托素湖水系)

巴音郭勒河发源于盆地北部祁连山系的哈尔科山南坡，南流经德令哈市而后注入水流连通的可鲁克湖—托素湖。河长223km，出山口以上流域面积0.73万km²，多年平均径流量3.32亿m³。

5）其他河流

盆地北部平行分布着东西走向的党河南山、土尔根达坂山、柴达木山，以这些山体为依托，发源并形成了三个较大水系，自北向南依次是：苏干湖水系由大小哈尔腾河组成，流域面积0.60万km²，多年平均径流量2.68亿m³。宗马海湖水系的鱼卡河，流域面积0.23万km²，多年平均径流量0.94亿m³。大小柴达木湖水系的塔塔棱河，流域面积0.48万km²，多年平均径流量1.22亿m³。另外，位于柴达木盆地西北端的还有尕斯库勒湖水系的铁木里克河，该河全长约300km，流域面积1.44万km²，多年平均径流量2.53亿m³。

4.水资源

柴达木盆地诸河多年平均地表水资源量48.57亿m³，与地表水不重复的地下水资源量9.03亿m³，水资源总量57.60亿m³。全区地表水资源平均径流深17.7mm，多年平均产水模数仅为2.1万m³/km²，相当于我国北方地区多年平均产水模数8.8万m³/km²的24%。一般来讲，盆地河流上游山区段天然水质良好，进入盆地细土带及沙漠戈壁以后才因土壤母质的自然因素或人类活动的社会因素而逐渐被污染恶化。2000年经济社会用水量11.01亿m³，其中农业灌溉用水9.79亿m³，占89%。

柴达木盆地诸河东西部自然条件存在较大差异，习惯上将本区分为西部和东部两个水资源区域。其中西区面积19.5万km²，水资源总量37.56亿m³，多年平均产水模数1.9万m³/km²。东区面积8.0万km²，水资源总量20.04亿m³，多年平均产水模数2.5万m³/km²。

（四）青海湖

青海湖是我国最大的咸水湖，与流入湖区的环湖诸河一起，构成青海湖水系（见图1-5）。

1.自然地理

青海湖流域位于青藏高原东北部，四周被巍巍高山所环抱，北面和东面以大通山、日月山为界与黄河流域为邻，西面和南面以天峻山、青海南山与柴达木盆地相连，流域面积2.97万km²。其中山区地势高亢，面积占69%，河谷平原地区海拔3 000～3 500m之间，面积占全流域的31%。青海湖区位于流域东南部，形似梨状，东西长109km，南北宽65km，2004年湖水位海拔3 192.9m时湖面面积4 156km²。

流域海拔高，低温多风，无霜期短。年平均气温-1.3～-0.5℃，日平均气温≥0℃年积温1 237～1 492℃，无霜期16～92天。由于受西南暖湿气流、高原季风和湖泊本身的影响，降水量大于其他内陆河流域，多年平均降水量381mm，且具有由南向北、由低到高的增加趋势。年蒸发量1 379～1 768mm，其地区分布与降水量相反。

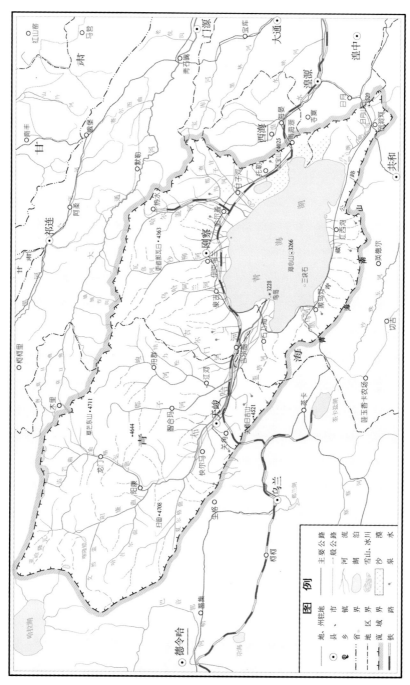

图1-5 青海湖流域图

青海湖 星海花树旅游网

2.经济社会

青海湖流域涉及青海省海北州的天峻、刚察、海晏县和海南州的共和县。2000年总人口9.72万人,其中少数民族占70%以上,人口密度3.03人/km²。由于高海拔、低热量自然条件的限制,经济规模很小,2000年前后,年工业产值约1.2亿元,耕地30多万亩,牲畜约300万头,年产粮3 600t,渔业年产量约700t。

3.河湖水系

流入青海湖区的河流,流长大于5km的有50余条。较大河流有布哈河、沙柳河、哈尔盖河、乌哈阿兰河、黑马河5条,合计流域面积1.79万km²,占青海湖流域面积的60%,多年平均径流量13.4亿m³,占青海湖流域的83%。其中布哈河是青海湖流域最大的河流,发源于祁连山疏勒南山,河长286km,流域面积1.43万km²,占青海湖流域面积的48%,年径流量7.76亿m³,占全流域环湖河流水量的48%。

青海湖湖水呈弱碱性,微咸带苦,含盐量1.25%~1.52%,密度为1.011kg/L，湖中营养元素缺乏，属贫营养型湖泊。除青海湖外，面积大于1km²的湖泊12个，如海晏湖、尕海、沙岛湖等。

4．水资源

青海湖流域环湖多年平均径流量16.12亿m³，地下水年均补给量6.15亿m³(其中入湖6.03亿m³)，环湖河流水资源总量22.27亿m³。若将青海湖区水面降水15.61亿m³计入，全流域水资源总量37.88亿m³。

2000年全流域总用水量1.00亿m³，其中农田灌溉用水0.83亿m³，占83%。经济社会用水量中耗水比例按70%计，耗水量为0.70亿m³，仅占包括湖面降水在内的全流域水资源总量的1.8%。

（五）疏勒河

1．自然地理

疏勒河是河西走廊第二大河，发源于青海省祁连山，西流进入甘肃河西走廊。流域西至河西走廊西端星星峡与新疆哈密地区相邻，东接黑河水系讨赖河与嘉峪关相连，南依青海柴达木盆地北缘祁连山，北靠马鬃山与蒙古国接壤，流域面积12.45万km²。流域地势自东南向西北倾斜，依次经过高海拔山地、山前平原盆地、荒漠低地逐渐降低，河源区最高海拔4 787m，终端哈拉诺尔湖（又名哈拉湖）最低海拔1 040m左右（见图1-6）。

流域地处欧亚大陆腹地，属典型的大陆型荒漠干旱气候。水汽来源以太平洋水汽为主，大西洋水汽和孟加拉湾水汽为辅，因远离海洋、高山阻隔，水汽到达本区时强度较弱，降水稀少。同时降水受地形地貌影响，垂直和水平分带性十分明显。南部祁连山地，地势高寒，降水较多，可达150~400mm，多年平均约200mm。中部走廊平原盆地属暖温带干旱区，年平均气温7~9℃，降水量仅为36~63mm，蒸发量则高达1 500~2 500mm。

2．经济社会

疏勒河流域行政区划主要隶属于甘肃省酒泉市5县和张掖市部分地区，以及青海省海北州、海西州部分地区。2000年流域总人口51.7万人，其中城镇人口20.8万人，占40%。2000年流域国内

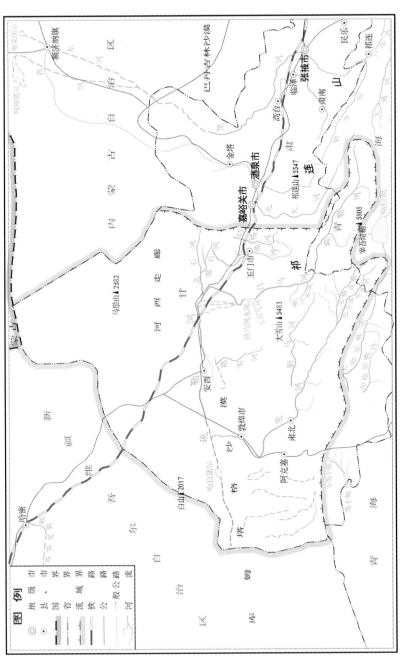

图1-6　疏勒河流域图

疏勒河　疏勒河流域管理局网

生产总值(GDP)45.8亿元，其中第一、第二、第三产业分别为7.2亿元、22.7亿元和15.9亿元，各占国内生产总值(GDP)的15.7%、49.6%和34.7%。2000年耕地面积110.5万亩，农业总产值11.51亿元，粮食产量13.0万t。流域地处古丝绸之路要冲，以敦煌为代表的自然与人文景点密布其间，成为闻名海内外的旅游胜地。

3.河流水系

疏勒河水系自东至西主要由干流和支流党河组成。干流发源于祁连山系的托来南山南麓，西北流经疏勒峡进入昌马盆地，又称昌马河。继续北流穿越巨大的昌马洪积冲积扇，过玉门镇后称疏勒河。然后改向西流，经安西城和西湖后至八道桥纳党河，最终注入哈拉诺尔湖。干流全长670km，地表径流量9.73亿m³。

党河是疏勒河最大支流，发源于党河南山北麓，西北流经肃北蒙古族自治县后再过敦煌，于八道桥入疏勒河干流。后来由于径流减少和用水增加，已与干流脱离水力联系。党河河长390km，地表径流量3.52亿m³。

4.水资源

疏勒河流域地表径流量13.25亿m³，地下水资源与地表水不重复量0.44亿m³，水资源总量13.69亿m³。2000年流域总用水量12.97亿m³，耗水量8.70亿m³，耗水量占流域水资源总量的63.6%。2000年农业灌溉面积125.7万亩，用水量11.26亿m³，农业用水占经济社会用水总量的86.8%。

（六）黑河

1.自然地理

黑河是河西走廊第一大河，也是我国西北地区第二大内陆河，发源于南部祁连山中段，流经青海、甘肃、内蒙古三省(区)，流域北与蒙古国接壤，东西分别与石羊河、疏勒河相邻，流域面积14.29万km²（见图1-7）。黑河有大小35条支流，随着用水的不断增加，部分支流逐渐与干流脱离地表水力联系，形成中西部和东部两个独立的子水系，流域面积分别为2.7万km²和11.6万km²。

1）中西部子水系

该区自南向北分为上游祁连山地、中游酒泉盆地、下游金塔盆地三个地貌单元。南部山地地势高峻，山高谷深，气候阴湿寒冷，属典型高寒半干旱气候，多年平均气温−3.2℃，多年平均降水量273mm，几乎没有无霜期。自南部祁连山前向北至夹山山前，再穿过夹山向北至马鬃山，三山之间形成了酒泉盆地和金塔盆地。两盆地地势平坦，发育有广阔的河流冲洪积平原绿洲，绿洲边缘有戈壁沙漠分布。这里属温带干旱气候，冬季寒冷，夏季炎热，干旱少雨，春季多风。从中游酒泉盆地到下游金塔盆地，多年平均气温从7.3℃到8.0℃，多年平均降水量从84mm到60mm，多年平均水面蒸发能力从2 149mm到2 539mm，多年平均无霜期从136天到153天。

2）东部子水系

东部子水系自上而下依次分为上游山地、中游平原、下游荒漠三种地貌单元。上游祁连山区山高谷深，河床陡峻，气候阴湿寒冷，植被较好，多年平均气温不足2℃，年降水量350mm，年蒸发量约

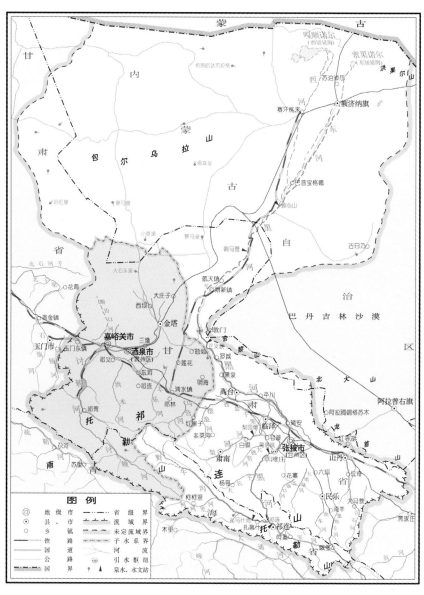

图1-7 黑河流域图

黑河源（东部子水系）　董宝华 摄

700mm，产水较丰，是黑河东部子水系的产流区。中游位于河西走廊中部平原，地势平坦，光热资源充足，但干旱严重，年降水量仅有140mm，多年平均温度6～8℃，年日照时数长达3 000～4 000小时，年蒸发能力达1 410mm，适于农业开发。下游深入阿拉善高平原荒漠腹地，以沙漠戈壁地貌景观为主，年降水量只有47mm，多年平均气温8～10℃，极端最低气温−30℃以下，极端最高气温40℃以上，年日照时数3 446小时，年蒸发能力2 250mm，气候非常干燥，干旱指数达47.5，属极端干旱区，风沙危害十分严重，是我国北方沙尘暴的主要沙源区之一。

2. 经济社会

全流域1999年总人口200.19万人，其中城镇人口56.36万人，农业人口143.83万人，分别占总人口的28%和72%。耕地551.35万亩，农田灌溉面积428.27万亩，林草灌溉面积122.43万亩。牲畜358万头，粮食总产量132.07万t，人均粮食670kg。国内生产总值(GDP)106.65亿元，人均5 327元。

1）中西部子水系

中西部子水系涉及青海省祁连县，甘肃省张掖市的肃南县、酒泉市的肃州区和金塔县、嘉峪关市。1999年流域内总人口66.38万人，其中城镇人口33.3万人，农村人口33.08万人，大约各占总人口的50%。耕地138.42万亩，全部集中在甘肃省境内，人均耕地2.08亩。农田有效灌溉面积121.73万亩，灌溉林果地28.23万亩，灌溉草场8.65万亩。粮食总产量28.13万t，全部在甘肃省，人均占有粮食425kg。牲畜104万头。国内生产总值(GDP)47.53亿元，人均7 160元。工业总产值53.88亿元，农业总产值17.43亿元，主要厂矿企业有位于讨赖河中游嘉峪关市的酒钢集团[1.4]。

2）东部子水系

东部子水系即干流水系，从上游至东、西居延海，分别流经青海省祁连县，甘肃省肃南、山丹、民乐、甘州、临泽、高台、金塔县(区)和内蒙古自治区额济纳旗，共9个县（区、旗）。1999年总人口133.81万人，其中农业人口110.75万人，占83%。耕地412.93万亩，农田灌溉面积306.54万亩，林草灌溉面积85.55万亩。牲畜254万头，粮食总产量103.94万t，人均粮777kg。国内生产总值(GDP)63.12亿元，人均4 709元[1.5]。

3.河湖水系

1）中西部子水系

中西部子水系包括6河3坝及11条小河沟，较大6河从西往东依次为讨赖河、洪水河、红山河、观山河、丰乐河、马营河。其中西部3河规模较大，流域面积2.1万km²，归宿于酒泉盆地及金塔盆地。中部3河多系浅山短流，规模较小，流域面积0.6万km²，归宿于肃南明花—高台盐池盆地。

讨赖河是中西部子水系中最大的河流，干流发源于祁连山北麓托来山，全长262km，自上而下流经青海、甘肃两省的祁连县、肃南县、嘉峪关市、酒泉市肃州区和金塔县。河源至出山口讨赖峡冰沟以上为上游，河长163km，面积6 883km²，多年平均径流量6.37亿m³，是讨赖河的产流区。讨赖峡冰沟以下至夹山峡鸳鸯池为中游，河长

99km，面积12 439km²。河出祁连山，首先穿过嘉峪关市所在的山间小盆地赤金盆地，继而进入酒泉盆地，成为嘉峪关市和酒泉市的重要水源。夹山峡鸳鸯池以下为下游，20世纪70年代以前讨赖河尚有水可自正义峡以下汇入黑河干流，后来随着鸳鸯池水库扩建和解放村水库建成，以及用水的增加，讨赖河与干流脱离水力联系，河水被本流域全部引用并最后消耗于金塔盆地。

2）东部子水系

东部子水系即黑河干流水系，包括黑河干流、梨园河及20多条沿山支流。黑河干流发源于祁连山北麓，分西部源流野牛沟和东部源流八宝河，西部野牛沟是正源，干流全长821km，流域涉及青海、甘肃、内蒙古三省区。

出山口莺落峡以上为上游，流经青海省祁连县和甘肃省肃南县，河长303km，面积1.0万km²。河流穿行于高山峡谷之中，水力资源丰富，是干流水系的产流区。

莺落峡至正义峡为中游，河长185km，面积2.56万km²，位于河西走廊中部平原地带，是东部子水系的经济重心和主要用水区。主要包括甘肃省张掖市的山丹、民乐、甘州、临泽、高台县（区），是重要的绿洲灌溉农业区，古今俗称"金张掖"，在甘肃省乃至西北地区经济社会发展中占有重要地位。中游地区1999年总人口121.20万人，耕地391万亩，农田灌溉面积289万亩，国内生产总值(GDP)56亿元，粮食总产量99.29万t，在黑河东部子水系均占有很大比重。

正义峡以下为下游，河长333km，面积8.04万km²。正义峡至大墩门，河长19km，属切割基岩的峡谷型河段。河出大墩门，游荡进入阿拉善大平原，沙漠戈壁广布其间，也为用水提供了便利条件。其下可分为三段：上段为大墩门至哨马营，河长96km，属甘肃省金塔县鼎新片，计有2个镇，5.01万人，9万亩农田灌溉面积和5万亩林草灌溉面积。中段为哨马营至狼心山，河长60km，中国酒泉卫星发射中心坐落在这里。狼心山以下为下段，进入额济纳三角洲，黑河过狼心山分水闸后分为东河和西河，其中东河全长158km。西居延海和东居延海分别是西河和东河的尾闾湖泊，于20世纪60年代和90年代先后干涸。

2002年以后，随着黑河流域水资源统一管理和近期治理的逐步展开，两湖均已先后进水，其中东居延海已恢复往日湖区水面面积。内蒙古自治区阿拉善盟额济纳旗首府达莱库布镇就坐落在额济纳三角洲的居延海畔，三百年前自欧洲伏尔加河沿岸回归祖国的蒙古族土尔扈特部的一部分人即生活在这里。

4．水资源

黑河流域出山口多年平均径流量36.34亿m³，地下水资源与河川径流不重复量3.99亿m³，天然水资源总量40.33亿m³。1999年经济社会总用水量45.28亿m³，总耗水量28.48亿m³，分别相当于流域水资源总量的112%与71%。在经济社会总用水量中，农田灌溉用水36.04亿m³，占经济社会总用水量的80%。

1）中西部子水系

中西部子水系出山口多年平均径流量11.59亿m³，地下水资源与河川径流不重复部分0.66亿m³，流域水资源总量12.25亿m³。

截至1999年，流域建成水库44座（其中平原水库37座），总库容2.46亿m³，兴利库容2.05亿m³。建成干、支、斗渠道工程2 635条，总长4 219km。鸳鸯池水库位于讨赖河干流下游夹山峡处，是一座以灌溉为主的大（Ⅱ）型水库，总库容1.05亿m³，有效库容0.85亿m³。解放村水库位于鸳鸯池水库下游4km处，是为调蓄鸳鸯池水库弃水而修建的一座中型水库，总库容0.39亿m³，有效库容0.30亿m³。鸳鸯池水库和解放村水库联合运用，调蓄控制讨赖河上中游来水，供给金塔盆地生活、工业及53万亩灌区用水。引蓄讨赖河水的还有嘉峪关市的大草滩注入式水库，主要向酒泉钢铁基地供水，总库容0.64亿m³，有效库容0.59亿m³。

1999年流域经济社会总用水量13.82亿m³，相当于流域水资源总量的113%。其中农田灌溉用水11.39亿m³，占82.4%。1999年经济社会总耗水量10.71亿m³，已达流域水资源总量的87.4%。

2）东部子水系

东部子水系出山口多年平均径流量24.75亿m³，其中干流莺落峡站15.80亿m³，梨园河梨园堡站2.37亿m³，其他沿山支流6.58亿m³。地下水资源与河川径流不重复量3.33亿m³，流域水资源总量28.08亿m³。

截至1999年，流域建成草滩庄、大墩门拦河引水枢纽两座，大中小型水库58座（其中平原水库40座），总库容2.55亿m³。引水工程66处，引水能力268m³/s。机电井6 149眼，年提水量3.02亿m³。总灌溉面积392万亩，其中万亩以上灌区24处。

1999年经济社会总用水量31.46亿m³，相当于流域水资源总量的112%。其中农田灌溉用水24.65亿m³，占总用水量的78%。从用水量的地区分布看，主要集中在中游，中游各部门总用水量25.98亿m³，占全流域总用水量的83%。1999年经济社会总耗水量17.77亿m³，占流域水资源总量的63%。其中农田灌溉耗水量12.54亿m³，占总耗水量的71%。

2001年国务院批准了以东部子水系为治理范围的《黑河流域近期治理规划》，规划以恢复下游生态环境为目标，以中游地区节水为重点，投资27.01亿元（包括东风场区补充规划）。该规划正在实施中。

（七）石羊河

1.自然地理

石羊河流域位于河西走廊东部，南依祁连山脉，北抵腾格里沙漠和巴丹吉林沙漠，东西分别介于黄河流域和黑河流域之间，流域总面积4.16万km²（见图1-8）。流域地势南高北低，自西向东北倾斜，大致可分为南部祁连山地、中部走廊平原、北部低山丘陵及北部荒漠四大地貌单元。南部祁连山地海拔2 000～5 000m，北部低山丘陵海拔约2 000m，中部走廊平原区介于南北山地之间。在走廊平原区中部又有东西向龙首山余脉韩母山、红崖山、阿拉古山的断续分布，将走廊平原分隔为南北盆地，南盆地有大靖、武威、永昌三个盆地，海拔1 400～2 000m，北盆地包括民勤盆地和昌宁—金川盆地，海拔1 300～1 400m，最低点的白亭海（已干涸）仅海拔1 020m。

石羊河流域属大陆性温带干旱气候，自南向北大致分为三个气候区：南部祁连山高寒半干旱半湿润区，年平均气温－5～5.8℃，年降水量300～600mm，年蒸发量700～1 200mm。中部走廊平原温凉

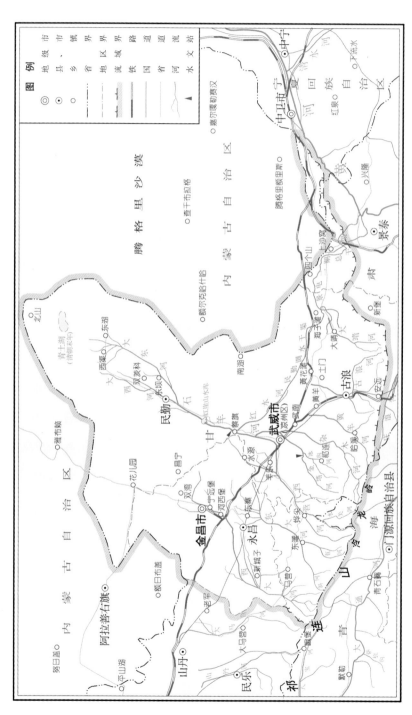

图1-8 石羊河流域图

石羊河 陈志辉 摄

干旱区，年平均气温5.5~8.0℃，日平均气温≥10℃年积温达3 000
℃，无霜期120~155天，年降水量150~300mm，年蒸发量1 300~
2 000mm，是流域内重要的绿洲农业区。北部温暖干旱区，年平均气
温7.8~10℃，日平均气温≥10℃年积温3 000℃以上，年降水量50~
150mm，年蒸发量2 000~2 600mm，是绿洲与沙漠的接壤过渡地带，
生态环境脆弱。

2.经济社会

流域行政区划共涉及甘肃省4市9县，主要是武威市一区三县、金
昌市一区一县，以及张掖市、白银市的部分地区。2000年流域总人口
225万人，其中农业人口176万人，占78%。耕地面积628万亩，有效灌
溉面积468万亩，其中农田有效灌溉面积441万亩，牲畜277万头。
2000年全流域国内生产总值(GDP)95.9亿元，人均4 262元。粮食总产
量101万t，人均粮食产量449kg，农民人均纯收入2 706元。

3．河流水系

石羊河水系发源于祁连山东部冷龙岭北坡，河流短小，流向与山
脉走向垂直，其中较大河流自东向西有大靖河、古浪河、黄羊河、杂

木河、金塔河、西营河、东大河、西大河8条。流域按照地形与水力联系又分为三个独立子水系，即大靖河水系、六河水系和西大河水系。其中西大河的尾闾为金川河，最终汇入永昌与民勤交界的昌宁盆地，多年平均河川径流1.577亿m³，是金昌市的主要水源。大靖河多年平均河川径流仅有0.127亿m³，经大靖盆地引用后消失于腾格里沙漠。其余六河自南向北流经武威盆地汇合后始称石羊河，再经红崖山口进入民勤盆地，最终汇入尾闾青土湖，河流长约300km，多年平均河川径流量12.845亿m³，是武威市的主要水源。

4．水资源

石羊河流域地表径流全部产自南部祁连山区，流域中部及北部基本不产流。多年平均地表水资源量15.74亿m³，与地表水不重复的地下水资源量2.01亿m³，流域水资源总量17.75亿m³[1.1]。2000年经济社会总用水量28.2亿m³，其中农业用水量25.9亿m³，占92%。2000年经济社会总耗水量20.2亿m³，相当于当地水资源总量的114%，其中超采中深层地下水占据了相当大的比重。

第二节　西北内陆河的战略地位

河流哺育万物，滋养生灵，所到之处，植被繁盛，万木葱茏。早期在西北地区生活的人们大都以游牧为主要生活方式，河流为游牧民族提供了基本的水源保障和牧草资源保障。那一片片点缀在戈壁荒漠间的河流绿洲，曾经滋养了西北众多的民族。在生产力不发达、交通落后的古代，随着农业在西北地区的产生和发展，西北内陆河地区的许多民族在河流及绿洲上开始形成了一个个具有一定独立性的经济、政治、军事实体，或曰诸侯属国、或曰边镇藩邦。千百年来他们之间时而合作，时而征战，民族逐步融合，文明渐次进步，创造了我国独具魅力的西北内陆文明，并成为华夏文明的重要组成部分。新中国成立以后，西北地区进入了社会主义现代化建设时期，其间人口增长，经济发展，耕地扩大，用水增加，人民生活得到改善。西北内陆河为社会主义现代化建设提供了有力支撑，其重要作用集中表现在水资源保障和生态屏障两个方面。水资源保障是人类生存的重要前提条件，在这一地区，河流是水资源的主要形态，几乎提供了供水保障的全部和绿洲生态屏障的全部。在这一地区，即使部分时间能够依托河流以外的水源形态而生存的人群也是少之又少的，这主要是指因特殊需要而生活在沙漠戈壁深处且依靠深层地下水、零星沙漠泉水（严格意义上说，部分泉水也属于河流范畴）及相对集中的小片荒漠植被生存的人群——极少数边防哨卡官兵、寻矿的地质勘探队员、科学考察的探

防护林建设　疏勒河流域管理局网

险队员，以及沙漠深处个别的牧民人家。即使这些少数人群，也必须依托由河流绿洲支撑的外部世界为其提供物资后勤补给才能生存，当地人类活动须臾离不开内陆河流提供的水源保障和绿洲生态屏障。今天的西北内陆河地区，以占全国近四分之一的国土面积、长期聚居发展的众多民族、丰富的土地与矿藏所形成的后备资源保障，以及雄居大西北连通欧亚两大洲的特殊区位优势，必将为21世纪中华民族的和平崛起提供广阔的发展空间。可以肯定，离开了西北内陆河的有力支撑作用，要在这一地区实现社会主义现代化是不可能的。

一、西北内陆河与历史文明演进

西北内陆河地区人类活动历史悠久，文明产生较早，这和早期西北独特的气候与自然条件有很大关系。这里处于北半球的暖温带，日照充足，昼夜温差大，有利于植物光合作用和养分积累。在生产力不发达的古代，人类在水源充足的绿洲里居住，或游牧，或耕作，世世代代，繁衍生息。绿洲是干旱地区人类赖以生存的基础，也是干旱地区经济发展的主要载体，绿洲的变迁见证了西北内陆河地区文明的进化和发展。

（一）西北内陆河流域的早期人类文明

西北地区是我国远古人类的主要聚居地和古代农牧业的主要发祥地之一。考古发现在西北沿河地区有广泛的远古人类活动遗迹，早在旧石器时代西北便有人类活动。人们在西北内陆河不同的区域先后发现了早期大量文化遗存(见图1-9)。

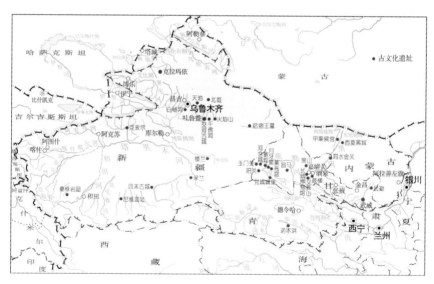

图1-9 西北内陆河与古文化遗存

克拉玛依遗址是近年新疆考古学者在玛纳斯河下游发现的一处新石器文化遗存，地处玛纳斯河下游的古河道。考古学者在该遗址范围内共采集到石器200多件，主要有石核块、石片、刮削器、尖状器等工具，选材主要是采用硅质岩、玛瑙等，相当多的石器采用了打击法的工艺技术加工修整，部分用了压制法加工，由此推断其年代为新石器时代[1.6]。在这处遗存没有采集到与农业有关的工具，说明当时这里的居民生活可能与狩猎、游牧有关。

在天山以南河流沿岸绿洲地区，早期生活的主要是羌人以及与周人有着远缘亲属关系的赤乌人。他们以农耕和采集野生植物为主，当地出土的石锄、石镰、石刀、石磨盘等，反映出农耕文明的特点。近年考古发现西北察吾乎沟口文化主要分布于新疆南部，范围较大，北起天山南麓，南达塔克拉玛干沙漠东南缘的且末县，东自和静县，西到温宿县。察吾乎沟口文化在新疆早期铁器时代考古文化中分布地域最广，资料最多，以普遍流行带流陶器为显著特征，在新疆早期考古文化的研究中占有重要地位，其墓葬和出土陪葬品的特点反映了南疆早期人类生产力发展程度及社会活动状况[1.7]。

早期河西地区气候比较温暖湿润，林草繁茂，河流纵横。根据考古发掘的大量文物证明，20万年前旧石器时期，就有羌族的先民在河西内陆河沿岸绿洲活动。新石器文化遗存在河西的古河流绿洲中已发现千处以上，如甘肃境内的大地湾文化、马家窑文化和齐家文化等，以及在嘉峪山的北侧四道鼓形沟、石关峡口分布着的150余幅摩崖浅石刻岩画，被认为是距今3 500~4 000年的新石器时代羌族的文化遗存。武威、民勤、古浪、天祝等地发现的马家窑、马厂、齐家等类型的大量文化遗存证明早在四五千年前，这里的先民就繁衍生息于石羊河畔。

（二）西北内陆河与古代文明的兴衰

西北内陆河地区独特的地理位置决定其成为东西方交流碰撞的要冲，成为游牧文化和农耕文化融汇的舞台。不同民族的文化交流与融合又必然以河流及绿洲为舞台，人们依河放牧，依河农耕，依河建筑，依河立国，河兴则民富国兴，河亡则民徙国亡。古代西北地区的许多族群和政权，可谓兴之于河，亡之于河。历史上因为河道断流而致古国坚城衰亡不再的实例很多，其中考古发现颇丰、研究记述较多

楼兰遗址　杨洪　摄

而为人们所熟悉的首推1 400~2 000年前兴盛于塔里木河下游的西域古楼兰国，以及黑河下游元代末年的军事重镇黑水城。除此之外，还有许许多多难以计数的城廓以其兴亡见证了西北内陆河之于人类文明的至关重要性。

在天山以北位于吐鲁番市以西10km的雅儿乃孜沟30m的悬崖平台上，有一个著名的交河故城遗迹。《汉书·西域传》载："车师前国，王治交河城。河水分流绕城下，故号交河。"交河故城南瞰盐山、北控交河，四面环水，故城状如柳叶，为一河心洲，南北长约1 650m，东西最宽处约300m。据考证，故城建筑年代早于秦汉，距今2 000~2 300年。史料记载，交河衰亡的直接原因是发生在元朝时的战火毁坏。然而，从故城遗迹独特的建筑方式和考古学家在故城里发现的大量水井遗址，不难推测真正的原因是由于河流的下切作用导致引水困难，而此时又正好遭遇战火，于是这块地方再也不能适合人类生存了[1.8]。

与楼兰命运差不多的还有那个在20世纪初由英国考古学家斯坦因命名为"尼雅遗址"的废墟。这座遗址位于今天新疆民丰县北境尼雅河古河道的尾闾地带。考古研究认为，尼雅遗址是西汉"西域三十六国"之一的精绝国所在地。唐代高僧玄奘在其《大唐西域记》中记载了到印度取经返回路上于贞观十八年(公元644年)经过尼雅时的景象："行二百余里,至尼壤城,周三四里,在大泽中。泽地热湿,难以履涉,芦草荒茂,无复途径,唯趋城路仅得通行。"由此看出,那时发源于昆仑山的尼雅河流量很大,一直流到尼雅遗址,那里的古代居民就生活在尼雅河下游冲积出来的大片绿洲上,然而同样由于水源断绝,尼雅终于遭废弃。至今,尼雅遗址裸露的河床仍清晰可见,干涸的河床、枯死的胡杨,以及伫立在沙漠中住宅遗址的残梁败柱,构成了一幅凄惨的场景。

发源于阿尔金山玉苏普阿勒克塔格山北麓的米兰河是一条季节河,它从南向北流,注入阿不旦湖,穿行于塔克拉玛干沙漠之间,在其下游冲积三角洲形成了一个大的米兰绿洲。这个位于塔克拉玛干沙漠东南的大绿洲,由于风沙侵蚀,河流改道,其东北部业已沦为荒漠。位于米兰河流域内的米兰古城遗址就分布在其东北一条古河道西岸的荒漠中。

此外,河西走廊地区还有一些小块古绿洲,亦因水源减少和断绝而消失。如安西白旗堡一带,因疏勒河水在上游被大部引用,水源减少而废弃。民勤西沙窝中的一些汉唐屯垦区和三角城、连城等城堡的废弃,除当时的政治和军事原因外,与石羊河下游大西河改道东流,水源断绝直接有关。张掖黑河冲积扇西部的西城驿古绿洲,开发于唐,延续至明,因黑河古河床淤高改道东去,灌溉水源断绝而废弃。敦煌南湖的寿昌(汉龙勒城),酒泉马营河下游的草沟井城、新城子,高台摆浪河下游的许三湾,武威洪水河下游的高沟堡、头墩营等绿洲的废弃,也都是水源断绝所致[1.9]。

二、西北内陆河与古丝绸之路

干旱缺水地区,道路必须循河而行,或者傍河修路,随时可以得到补给,或者在交通条件与物资储备能力许可的范围内跨河而行。考察古代丝绸之路,那一个个河流绿洲串珠状连接起来的东西通道,至今仍然是人类文明交流的大动脉,是亚欧大陆桥上的重要路段。

（一）古丝绸之路

古丝绸之路东起长安，经渭河入陇，过乌鞘岭沿河西走廊经石羊河、黑河、疏勒河一路西行，到达敦煌，然后由阳关、玉门关、哈密分为南、中、北三道。由于经由这条道路输出的货物中数量最多的是中原丝绸，后来被德国地理学家李希霍芬冠名为"丝绸之路"，最初含义为汉代中国至中亚河中地区（阿姆河与锡尔河之间），以及中国和印度之间的交通路线(见图1-10)。

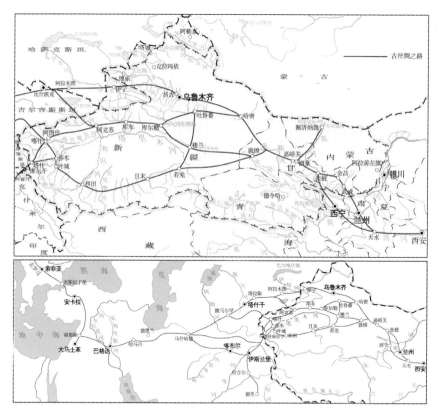

图1-10 西北内陆河与古丝绸之路 [1·10]

南路作为汉代通西域最早的交通大道，经阿尔金山北麓米兰河、罗布泊（楼兰）后，沿昆仑山北麓西南行，通过塔里木盆地南缘的若羌河（鄯善，今若羌）、车尔臣河（今且末）、尼雅河（精绝，今民丰）、克里雅河（扜弥，今于田）、和田河（于阗，今和田）、叶尔羌河（今莎车）等河流绿洲，然后越葱岭（塔什库尔干），前往印度、阿富汗，或过阿姆河到伊朗，直抵罗马。

中路汉代称北道，隋唐时随着哈密一线的北道日趋兴盛而改称中道。傍天山南麓沿塔里木盆地北边西行，经艾丁湖（车师前王庭，吐鲁番），过开都河—孔雀河（今焉耆）、渭干河（乌垒和龟兹，即今轮台和库车）、木扎提河（姑墨，今拜城），由此又分两道：一条翻过凌山（天山木素尔岭），西北行至热海（伊塞克湖）西去；一条向西南经喀什噶尔河（今巴楚和疏勒），越过帕米尔高原，到地中海沿岸。

北路位于天山以北，开辟于公元1世纪，兴盛于隋唐，时称"新北道"，较之南道、中道，为时较晚。它从疏勒河畔的敦煌西北行越巴里坤（古蒲类）、开垦河（庭州，今吉木萨尔）、乌鲁木齐河（古轮台，今乌鲁木齐）、呼图壁河（张保守捉，今昌吉）、精河（石漆河，今精河县），经赛里木湖到达伊犁河谷阿力麻里和弓月城（即今伊宁和霍城），渡伊犁河往伊塞克湖水系的楚河（碎叶，今托克玛克）西去，到达里海一带。

在科技水平比较落后，地理知识缺乏的年代，去探索和开创一条如此恢弘的大通道，困难可想而知。正如司马迁在《史记》中将张骞出使和开拓西域的行为描绘为"凿空"之举一样，其意义就显得格外重大。这一横贯亚洲中部的东西大通道不仅促进了东西方经济文化的交流，而且对人类文明的向前发展也起到了积极作用。

（二）丝绸之路与东西方文化交流

这条起源于黄河并由一系列内陆河绿洲组成的贸易之路，是西方航海时代来临之前地球上唯一有效的东西方联系通道，为中西方物质文化和精神文化的交往做出了积极贡献。其无可替代的历史价值，很难用文字准确描述，它既是全人类的宝贵财富，也是中华民族的骄傲。这条东西大通道把中国的瓷器和丝绸带到了西方，也把西方的许多艺术品带到了中国。中国的造纸、印刷、漆器、瓷器、火药、指南针等传入西方，极大地推动了西方文明发展进程。西方进入中国的也有很多，比如人们喜爱吃的葡萄便产自伊朗，由外国商人带入中原。汉初以来传入中国的有罗马的玻璃器，以及西亚和中亚的音乐、舞蹈、饮食、服饰等。在丝绸之路上开展广泛经济贸易交流的同时，东西方的文化艺术交流也在不断地进行，其中影响最深远的要数佛教、伊斯兰教等宗教逐渐传入中国。例如，作为世界三大宗教之一的佛教，早在西汉末年就传入中国。魏晋南北朝时期，佛教深入普及社会，人们对佛教有了更多的了解，佛教势力和影响日益扩大。到了隋唐时期，先后形成一些带有鲜明民族特色的佛教宗派，标志着佛教民族化过程的基本完成。古丝绸之路沿线留存至今的许多佛教寺庙和石窟，著名的如渭干河畔龟兹的克孜尔、艾丁湖畔吐鲁番柏孜克里克、疏勒河畔敦煌莫高窟和安西榆林窟、石羊河畔武威天梯山等。这些石窟大多融汇了东西方的艺术风格，是丝绸之路上中西文化交流的见证。

（三）丝绸之路与河流绿洲开发

西北内陆河地区的许多绿洲，很早以来就有人类活动，这些绿洲小国家之间也有简单的贸易和交流，但当时范围极其有限。丝绸之路的开辟，使那些绿洲小国间的了解增多，东西方频繁的贸易往来也促进了许多绿洲城市的经济发展、文化兴盛。回望这条漫长千年的路线，我们会看到一长串不朽的名字，除了开辟丝绸之路的张骞、班超、班勇，还有西汉的霍去病、唐代的薛仁贵、十六国时期的万里东来，以及首次将大量佛经译成汉语的鸠摩罗什，南北朝时期西行求法的法显，唐朝的玄奘，元代的马可·波罗等。一千多年前就是这些商人、学者、使者和僧侣，频繁往来于这条路线之间，用最原始的交通工具把世界古代文明联系在一起，使丝绸之路成为了一条贸易发达、文化昌盛的黄金要道。

丝绸之路的形成是一个漫长的过程，它的形成和西北绿洲的开发具有重要联系，正是依赖于西北内陆河地区富饶的绿洲，丝绸之路才得以成功打通。试想在交通不发达的古代，那时的人们除了步行，最多只能以马和骆驼代步，要走完如此长距离的路程，途中没有稳定的补给是无法想象的，这就必然促使他们选择那些绿洲中补给充沛的城市作为中转。绿洲城市丰富的水、粮食和劳务补给维持了丝绸之路的千年兴盛，而丝绸之路的开辟也极大地促进了沿线绿洲城市的发展，催生和支撑了辉煌灿烂的古代文明。

三、西北内陆河的军事地位

西北内陆河地区，经济社会发展离不开河流，军事活动更是离不开河流。河流及绿洲为战争提供了兵员和物资的后勤保障与输送通道，成为交战双方争夺的重要目标。谁拥有河流及绿洲，谁就据有地利条件和当地人力资源，而这正是决定战争胜利的必要条件。以河西地区为例，古今东进西征，无不沿丝绸之路作为行军路线。西汉三国、宋元明清、解放军进军大西北，无不遵循这一用兵路线，概因这里的河流绿洲是取得补给和输送军队给养装备的必经之路。石羊河上的武威（凉州），黑河上的张掖（甘州）、酒泉（肃州）、嘉峪关，疏勒河上的安西（瓜州）、敦煌（沙州）均为兵家必争之地。若要南北方向用兵，如汉代中央政权用兵北上和北方匈奴政权挥师南下，南北方向的黑河、石羊河、疏勒河绿洲则成为理想的用兵通道。所以，西北内陆河地区所发生的战争，均为争夺河流的战争。

早在唐玄宗开元年间，为了"断隔羌胡"——即阻断吐蕃和突厥的往来联系，朝廷在马城河（今石羊河）畔设置了河西节度使，治所凉州，并于下游白亭海畔设置白亭守捉，上下控制石羊河。河西节度使又与所辖黑河之畔的甘州屯军，并于下游的居延泽畔设置同城守捉（一度为安北都护府），上下控制黑河。如此，河西节度使以石羊河、黑河为依托，东连王权，西通西域，南慑吐蕃，北拒突厥[1.11]。到了宋朝年间，靠弓马立国，割据西夏的李元昊争战河西，自黄河灵州（今宁夏灵武）出兵，四打甘州，也是循此路线用兵[1.12]。及至清代雍正年间，陕甘巡抚年羹尧经营河西，威镇西域，为了稳定生产，保障军需，曾于雍正四年（1726年）亲主订立黑河"均水制"，并藉军管之力强制实施[1.13]。1949年4月，王震将军率领第一野战军10万将士，胜利进军河西和新疆，走的仍然是历史上的河流绿洲通道（见图1-11）。

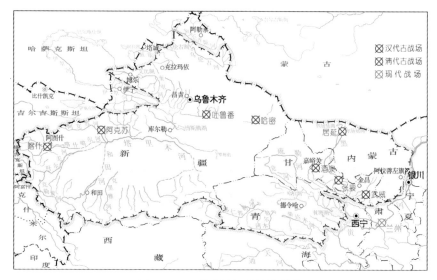

图1-11 西北内陆河的军事地位

四、西北内陆河与西部大开发

1949年以前的西北内陆河地区，国民经济是以农牧业为主体的简单自然经济，工业基础薄弱，人民生活贫困。新中国成立以后，西北内陆河地区进入社会主义现代化建设时期，人口增长，经济发展，耕地扩大，用水增加，人民生活得到改善。1950～2000年，西北内陆河地区国内生产总值(GDP)由73.3亿元增长到1 561亿元，增长了21倍，其间，西北内陆河为社会主义现代化建设提供了有力支撑。这一史无前例的伟大成绩的取得，有着无可估量的历史意义和现实政治意义：其一，发展了地方经济，极大地提高了人民生活水平。其二，促进了西北地区社会安定与民族团结。其三，巩固了西北边防，促进了与中亚各国经济贸易及友好往来，提高了中国在中亚地区的国际地位。其四，西北地区的发展与稳定，是全国社会主义建设的重要组成部分，影响深远，举足轻重。进入21世纪，在科学发展观指导下，在西北内陆河地区构建民族团结、经济繁荣、资源节约、环境友好的和谐社会，已成为西部大开发的战略目标，西北内陆河作为无可替代的资源与环境要素，必将发挥极其重要的作用。

（一）河流为经济社会发展提供重要的水源保证

西北内陆河地区降雨稀少，河流便成为城乡居民生活、工农业生产最重要的水源保证。

西北内陆河首先为人类提供了基本生存条件的用水保障，这也是人类得以在干旱地区繁衍生息的第一需要。2000年，西北内陆河为城镇和乡村分别提供生活用水5.42亿m³和4.87亿m³，城乡人均日生活供水211L和100L。

河流为农业生产提供灌溉水源。西北内陆河地区无灌溉则无农业，绿洲的开发主要依赖河流，灌区自然成为当地乃至国家重要的农业生产基地。西北内陆河地区2000年农田灌溉面积4 608万亩，林果地灌溉面积1 033万亩，草场灌溉面积830万亩，鱼塘面积15万亩，合计6 486万亩，灌溉引水量473亿m³，耗水量330亿m³。

河流为工业发展提供水源。西北内陆河地区石油等矿产资源丰富，为了加快西部经济发展，近年来西北内陆河地区相继上马了许多工业项目，2000年工业供水13.85亿m³。

在极度干旱的西北内陆地区，正是有了内陆河，才为人类生存、土地与矿藏资源的开发提供了必不可少的供水保障。以此为基础，人口繁衍，经济繁荣，社会发展，人类得以安居并创造了灿烂的绿洲文明。仅以新疆为例，依托塔里木河、天山北麓诸河、吐鲁番与哈密盆地诸河的水源保障，新疆已建设了环塔里木盆地经济带和天山北麓经济带，经济社会发展迅速，成为我国西部乃至中亚地区的重要工农业基地。如今，新疆的棉花产量已达全国总产量的一半以上，有力地支撑着全国轻纺工业的原料供应。新疆的石油、天然气以及自中亚邻国经由新疆入境东输的石油、天然气已经广泛供应我国西北、华北、华中、华东广大地域，成为我国重要的能源通道，有力地支援了全国的能源建设。如今，依托内陆河作为水源保障而崛起的新疆经济，正以富饶的物产和日益雄厚的经济实力，利用边境线长的区位优势，迅速发展与邻近的俄罗斯、哈萨克斯坦、吉尔吉斯斯坦、塔吉克斯坦、阿富汗、巴基斯坦、蒙古、印度等国的边境贸易与跨国贸易，确立中国新疆在中亚地区的经济地位。

（二）河流绿洲是西北地区的重要生态屏障

西北内陆河地区深居内陆，气候干旱，广袤的沙漠是古已有之的重要地貌单元，正是塔里木河、疏勒河、黑河、石羊河下游绿洲阻挡从南疆通往内地的诸沙漠连成一片，才使得人类居住生活的绿洲与沙漠戈壁长期处于相对稳定与平衡的状态。凡是绿洲发育的地区，风速降低，风沙减少，温度适宜，人类生存环境得到极大改善。如果失去了内陆河的绿洲屏障，极度干旱的西北地区必将面临沙漠扩张、沙尘暴肆虐等生态环境恶化的严重灾难，并将危及全国广大地域。所以，维持西北内陆河健康的生态功能，不仅对西北，乃至全国都具有重要意义。

塔里木河下游恰拉至台特玛湖之间有一个条状植被带，自古至今都是新疆与青海、甘肃，进而与内地联系的通道，具有重要的经济、社会、生态和国防战略意义，被人们称之为"塔里木河下游绿色走廊"。正是这条以塔里木河干流为水源的下游绿色走廊，阻挡着西边的塔克拉玛干大沙漠与东边的库姆塔格沙漠的合拢。如果没有这条绿色的隔墙，两大沙漠早已合二为一。如果两大沙漠合拢，在强烈西北风的推动下，大沙漠以无坚不摧之势向东扩张，将覆盖敦煌，继而侵没原本就容易沙化的青海、甘肃、宁夏、内蒙古境内大片土地，后果不堪设想。

青海湖是世界闻名的重要湿地，湖区的巨大水体、高山和草地、森林，为当地藏族、蒙古族和汉族等民族的繁衍生息和经济社会的发展提供了重要的水资源保障，同时也是阻挡西部荒漠东侵南移的生态屏障。青海湖的北、西、东、南绵亘几千公里的高山峻岭构成了青海湖流域的大地脊梁和骨架。在大山的怀抱中，68万亩的林地和2 823万亩的草地，担当起保护湖区生态环境的重任。青海湖水系以其巨大的水体与湖周的高山、林地和草原构成了阻挡柴达木盆地荒漠长驱东侵的绿色生态屏障，阻挡着从西、北、西南三面袭来的风沙，延迟了风沙东侵南移的脚步，减轻了西宁市和青海省东部农业区的风沙灾害。

青海湖湿地对于维系青藏高原东北部的生态安全具有重要意义。

　　考察经由历史发展形成并至今依然发挥重要作用的当地经济带，无一例外地分布且依托于内陆河流的支撑与庇护，成为当今实施西部大开发与建设社会主义和谐社会的经济基础和物质保障。例如依托石羊河、黑河、疏勒河，包括武威、金昌、张掖、酒泉、嘉峪关、敦煌、玉门等地的河西走廊经济带；依托天山北麓乌鲁木齐河、玛纳斯河、艾比湖等河湖水系，包括乌鲁木齐、石河子、奎屯、克拉玛依等重要工业城镇的天山北麓经济带；依托塔里木河，包括库尔勒、阿克苏、喀什、莎车、和田、且末等城镇的环塔里木盆地经济带(见图1-12)。无数事实都充分说明了西北内陆河对于当地经济社会发展乃至全国社会主义现代化建设的至关重要性。

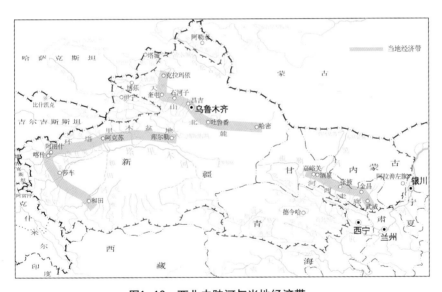

图1-12　西北内陆河与当地经济带

第二章

人类社会发展与河流开发过程

西北内陆河绝大部分形成于地质年代，历史久远。与此相比，人类进入文明社会的历史仅仅是数千年间的事情。在此之前，在自然历史大环境的作用下，西北内陆河依照自身的生命节律发展演化着。后来，随着人类文明的进步、人口规模的扩大和生产力水平的提高，人类社会与河流之间相互依存，相互影响，使得在自然历史和人类社会历史的双重作用下，逐渐形成了人类社会与当地河流的关系史。

第一节　河流演变与开发的历史背景

自人类进入文明社会以来，西北内陆河即受到气候变化和人类社会活动的双重影响。人类活动的影响又分为两个方面：一方面是空间大尺度的间接影响，例如人类活动加剧导致全球气候变暖的温室效应对具体地域河流的影响，这是一个难以局部定位和量化的复杂问题；另一方面，局部地区人类活动的直接影响，例如水土资源开发利用等，本书所称人类活动的社会背景及影响，均指具体流域内的人类直接活动。考察自然因素和社会因素对于河流的影响，二者表现出明显的不同特征：自然因素主要是气候变化的影响，表现出时间与空间的大尺度及缓慢稳定的渐进特征，例如全球气候在数千年尺度上的周期波动。而人类社会活动则不同，可以在很短时间内和较小地域上，以异常活跃的方式对于局部河流河段产生明显影响。几千年来，西北内陆河正是以自然历史和人类社会发展史为背景而发展和演化着。

一、自然历史背景

以中国工程院刘东生院士为首的专家组对于西北地区自然环境进行了大量研究，在其《西北地区自然环境演变及其发展趋势》[2.1]研究报告中提出了以下观点：

现代的气候环境是自第三纪以来古气候演化变迁发展而来。由于青藏高原的持续隆起，在约2 200万年前即形成了西北地区干旱化的基本格局，后来的干旱化特点继承了该区长期的气候演化趋势。

全新世是距今大约1万年以来的时期，也是人类文明出现和大发展的时期。随着末次盛冰期的结束，气温开始升高，降水也有所增加，西北气候处于冷暖干湿交替的波动过程中，温度存在明显的千年波动周期，降水变化相对于温度变化存在滞后的趋势。在距今8 500年至3 000年间，气候暖湿，降水较多，植被生长茂盛。例如青海湖年降水量达600～650mm，比现在高70%～80%；新疆艾比湖水量大增，湖面水位上升了7m；塔里木河在其下游满加尔凹陷地区大面积泛滥，形成众多的散布河道与湖泊，出现了湖泊沉积，至今仍留下了许多干河道和大片的原始胡杨林，这也是塔里木盆地沙漠面积最小、气候最好的时期。距今3 000年至今，气候进入降温变干时期，环境各方面都表现出以千年为时间尺度的缓慢干旱化趋势，同时由于人类活动影响程度逐渐增加，表现出自然变化与人类活动影响互相叠加的特点。根据对青海湖钻孔孢粉资料数值分析（见图2-1），青海湖地区植被经历了距今8 000～3 500年森林，距今3 500～1 500年的森林草原以及距今1 500年以来疏林草原的变化过程。以上研究说明西北内陆河的演变处于气候干旱化的自然历史背景下，但这种演变以千年为时间尺度，是极其缓慢的。

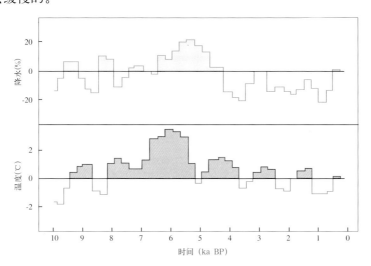

图2-1　青海湖地区距今近1万年以来气候变化趋势图 [2.1]

二、社会历史背景

人类活动作为社会背景，对于河流演变的影响主要存在三个要素：其一，人口数量，这是一切人类活动及社会需求的基本要素，同时也是最重要的影响要素；其二，生产力水平及经济发展规模；其三，人类对于资源的开发理念与经济增长模式，是急功近利的掠夺式开发，还是科学发展的可持续利用，是不顾资源与生态环境条件的低水平扩大再生产，还是追求资源节约型与环境友好型的自律式发展。几千年来，在人类社会与西北内陆河的互动关系中，大体经历了以下过程：初期生产力低下，人类被动地依附于河流。继而随着生产力发展水平的提高，人类对河流进行了主动大胆的开发利用乃至发展到无尽的掠夺。近年来，在坚持科学发展观，实现人与自然和谐相处的方针指导下，正在努力建设人与河流的和谐关系。总的来说，人类通过对于河流的开发和资源的利用，创造了财富，建设了适合人类生活的家园，对于人类的文明进步做出了重要贡献。但是，人类对于河流的开发和利用如果超出了河流的承载能力，就会对河流的演变产生不良的影响。考察西北内陆河，人类活动对于不同时期不同河流的影响，其程度和效果存在着明显的不同，大体可分为以下三种情况：

第一种情况，河流资源尚未开发或开发程度较低。西北地区少部分河流及一些河流的部分河段，由于种种原因，直至21世纪的今日，仍然处于自然状态或基本处于自然状态，人类活动影响较弱，自然环境至今仍然是河流演变的主导因素，例如柴达木盆地西部的部分河流与青海湖水系。

第二种情况，河流资源被局部过度开发。西北内陆河地区大部分河流的局部河段早在封建社会即被人类进行了高强度的局部开发，并因此造成局部时段和局部河段的供水危机与生态环境危机。但是，由于当时人口数量少，种植业不发达，生产力落后等条件的限制，经济规模不大，尽管局部地区存在不同程度破坏，但是人类活动尚未能够从总体上和全局上对自然环境产生重大及不可逆转的负面影响。以人口规模为例：据《汉书·地理志》记载，鼎盛时期的西汉王朝为开拓疆域，大力经营河西地区，曾数次大规模向河西移民，至西汉末人口高峰时期也仅仅达到6.1万户，28万人，仅相当于今日河西地区人口的6%；1949年柴达木盆地人口仅约1.5万人，人口密度仅0.05人/km²；1950年黑河下游内蒙古额济纳旗人口仅2 300人，每100km²才2个人，若以绿洲计算，人均绿洲面积超过3km²。以上述时期的人口规模和生产力发展水平，尚不足以对自然环境产生重大影响。此时的大多数西北内陆河，虽然在水土资源开发与河流水资源及生态环境容量之间尚未出现总量失衡，但是由于水土资源的时空分布不平衡和人类活动不协调而导致的个别时段与局部河段水资源被过度开发、绿洲与荒漠植被被过度掠夺的现象却并不少见，局部灾难也时有发生。

　　第三种情况，河流资源从总量上被过度开发。例如石羊河流域早在清代人口已超过40万人，耕地接近300万亩，与今日我国北方许多河流相比，水资源开发利用程度已达较高水平。至20世纪前期的民国年间，石羊河流域已因水资源总量失衡而导致尾闾湖泊逐步消亡，河流资源从总量上被过度开发，出现全局性危机。对于大部分西北内陆河来说，河流水资源出现总量失衡的时间当在20世纪50年代以后。50多年来，西北内陆河地区人民安居乐业，生产水平提高，人口急剧增

那仁郭勒河　陈维达　摄

长，建设了大量城市和工业基地，修建了大批水利工程和基本农田。但是，由于生态环境保护意识的滞后，对内陆河流域资源环境造成了历史上从未有过的沉重压力和严重破坏。至2000年，西北内陆河地区人口相当于50年前的近4倍，生产生活用水相当于50年前的3倍以上，但是历史上沿袭下来的经济增长模式和资源管理水平却没有得到相应的调整和提高，以致从全局上严重超越了资源环境的承载能力，这些变化成为新疆与河西走廊大部分内陆河流开发进程中的重要社会背景。

第二节 河流开发的历史过程

为了研究人类活动与河流演化之间的互动关系，以利人们更理智地开发利用河流并与其和谐相处，本书通过考察人类对于西北内陆河的开发过程，将其分为四个时期，即原始蛮荒时期、初级共处时期、过度开发时期、和谐相处时期。

一、原始蛮荒时期

原始社会和奴隶社会时期，西北内陆地区处于原始蛮荒时代。此时人口稀少，生产力低下，人类仅能依附于河流绿洲，以求获得水源和草场，而没有能力进一步开发利用河流。此时的内陆河多属于自然状态，水源较丰而极少被人类利用，依自然环境而发展演化。

二、初级共处时期

原始蛮荒时期结束以后，人类开发河流的能力有了一定程度的提高，首先进入了一个低度开发时期。这个时期人口数量少，人类需求及生产力水平不高，河流开发利用程度较低，生态环境系统受人类活动干扰影响比较小，整个经济社会和资源环境系统处于低水平下的初级平衡与和谐共处状态。

新疆与河西走廊内陆河开发较早，人口相对集中，低度开发初级共处时期大约相当于封建社会至民国年间。这个时期主要特点表现在两个方面：其一，基于西北内陆地区干旱缺水荒漠化的突出问题，当地在人口需求、河流水源、生态环境之间总体上是平衡与协调的，河流水资源和河流绿洲从总量上没有成为经济社会发展和资源环境系统平衡的制约因素。其二，在此期间，由于内陆河中下游处于沙漠环抱之中且时有河流改道、湖泊游移的情况发生，局部失衡不和谐造成局部危机和灾难的事情时有发生。就是说，需求资源环境间的总量平衡、总体协调与局部失衡、局部危机的共存是这一时期的重要特征。

青海西部柴达木盆地诸河和青海湖流域，海拔高，人口少，部分河湖流域甚至无人居住，水资源开发利用程度很低，河流湖泊处于自然状态或半自然状态，至今仍然处于人与河流初级共处时期。

（一）石羊河

据兰州大学冯绳武教授研究，民勤半自然水系时代经历了潴野泽—白亭海—青土湖三个时期（见图2-2）。19世纪末，由于大西河一次特大洪水在旧湖滩洼地的汇集，再次形成民勤绿洲边缘最晚出现的最大湖泊—青土湖，并被笔者定名为民勤绿洲的青土湖时期。直到清朝后期，石羊河尚可形成新的尾闾湖泊并有洪水入湖予以补充，此时的石羊河流域，养育人口超过40万人，乃西北粮仓。水系完整，供水有保障。下游绿洲茂盛，稳居于巴丹吉林沙漠和腾格里沙漠之间，尾

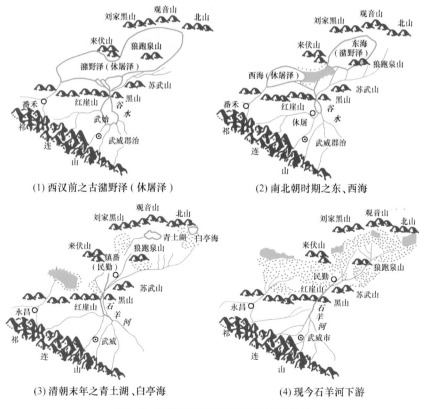

(1) 西汉前之古潴野泽（休屠泽）　　　(2) 南北朝时期之东、西海

(3) 清朝末年之青土湖、白亭海　　　(4) 现今石羊河下游

图2-2　石羊河下游河泊变迁过程[2.2]

闾青土湖是阻挡风沙的天然屏障。清代以前的石羊河，总体上属低度开发初级共处时期。民国以后，随着1924年最后一场洪水入湖，此后的青土湖就进入了不可逆转的萎缩消亡阶段。

（二）黑河

20世纪50年代以前，虽然黑河中游农业区在春灌用水高峰期存在短时间用水矛盾，但从全流域人口需求、河流资源、绿洲生态环境来分析，总体上还是协调的。1944年我国著名农林经济学家董正钧考察黑河下游及东、西居延海时写道："额济纳河两岸南由狼形山（今狼心山——编者注）南之察汗套环及老树窝起，北至河口，更沿东西河及其支流两岸，直达居延海滨，以及东南境古尔乃湖滨，均满布天然森林。其分布面积，距水远者达十里余，近者仅半里，全面积约九千方市里，以胡杨、红柳及梭梭为主，皆为单纯林。""红柳高达丈余，密生处，人不可入，一望无际，方圆数千里，堪称奇观"。赞叹"茇茇草绿入望迷，红柳胡杨阔无边[2,3]"。 直到20世纪50年代中期，黑河流域水系完整，保障了各族人民各行各业及国防建设的供水安全，是西北地区重要粮食基地。河源上游地区雪山巍峨，森林茂密，既是藏族同胞的牧场，又是野生动物的乐园。下游河湖绿洲面积达6 900km²，胡杨林达70多万亩，沙生灌木林多达2 000多万亩，既是蒙古族土尔扈特部落的家园，又是河西地区的生态屏障。此时的黑河，尚属低度开发人与河流初级共处时期。后来，随着1958年农业"大跃进"的到来，1960年鸳鸯池水库扩建完成及其后下游解放村水库投入运用，占黑河水量三分之一以上的最大支流讨赖河完全脱离干流并不再补给下游水量，继而1961年黑河最大的尾闾湖泊西居延海完全干涸，标志着人类对黑河过度开发时期的到来。

（三）塔里木河

公元4～5世纪，塔里木河改道南流，致使尾闾罗布泊"游移"至喀拉和顺湖（又称南罗布泊），终致依托下游河道和原罗布泊生存的楼兰古国彻底衰亡。1921年，塔里木河又回归故道东流，再注罗布泊。所以，公元4～5世纪因为部分河段改道和湖泊游移造成楼兰绿洲的消亡和灾难只是塔里木河流域的局部失衡和危机。至20世纪50年代后期，塔里木河流域"四源一干"地区人口150多万人，粮食自给，林草繁茂，罗布泊湖面面积2 570km[2.4]，总体上处于人水和谐初级共处时期。

（四）玛纳斯河

玛纳斯河是季节河，夏秋季水量充足，汹涌澎湃，冬季河道断流干涸。清代中叶历史地理学家徐松在《西域水道记》中记载："余数渡斯河，冬则尽涸，入夏盛涨，急流汹涌，每闻旅人有灭顶之虞。"清末曾在新疆任外交官的俄国人鲍戈亚夫斯基在1906年的著作中说："玛纳斯河的特点是水流异常湍急，山中融雪时期，流量骤增，河水泛滥，在有些地方渡河是很危险的，这种情况常发生在六七月间。在其他时间内，虽然水流湍急，但河面不宽，水也不深，因为河水都被沿岸居民引入了灌溉渠。"[2.5] 1915年，玛纳斯河在大拐东岸决口，河流改道，不再流入原尾闾阿雅尔淖尔，改向北偏东流入今玛纳斯湖。20世纪50年代后半叶，有人乘橡皮艇可以从小拐沿河漂流到玛纳斯湖游览，河两岸芦苇茂密，野鸭乱飞。作为历代屯垦水源的玛纳斯河，直至20世纪60年代石河子地区扩大规模开垦荒地以前，人类与玛纳斯河尚属和谐共处。

（五）柴达木盆地诸河

柴达木盆地高寒缺氧，自然环境恶劣，长期以来居民很少且多聚居，部分地区至今人迹罕至。2000年，经济社会总用水量不足水资源总量的20%，总耗水量仅相当于水资源总量的10%左右，且多集中在巴音郭勒河、柴达木河、格尔木河等少数河流。许多河流至今水资源开发利用程度极低，基本处于自然状态，例如西部的那仁郭勒河。从人类开发与消耗水资源总量的角度看，盆地诸河至今依然处于低度开发状况下人与河流初级共处阶段。

人类活动对于盆地诸河的干扰与破坏也是明显的，主要表现在：其一，超载过牧和开垦人工绿洲破坏了草场。其二，大量涌入的基本建设（如修路）劳动大军砍伐灌木充作燃料破坏了森林，等到工程建成，建设队伍撤出，细土带森林已经不在且难以恢复。其三，在人迹罕至的无人居住地区（如西部可可西里地区），外来流动人员对于珍稀动物的偷猎捕杀和珍稀植物药材的滥采滥挖。这些人类活动虽然都对河流绿洲生态环境造成一定的影响，但从占用并消耗水资源的角度看，尚未对流域资源环境的平衡造成严重破坏。

主要由于自然环境的原因，柴达木盆地河湖格局总体呈现出短时段稳定与长时段萎缩的趋势。主要表现在：从短时段来看，20世纪50年代至今，盆地降水和山区产水基本稳定，其间虽有波动，但没有总量减少的明显趋势，河流湖泊均较稳定。从大时间尺度（如千年）进行考察，盆地湖泊处于缓慢的萎缩浓缩过程中，其间虽有波动，但总体趋势明显。以格尔木河尾闾达布逊湖为例，湖区降水仅25mm，水面蒸发量高达2 000mm以上，极度干旱。大约在3.5万年以前，达布逊湖还是个淡水湖，此后经历了微咸水湖、咸水湖时期，直至变成固、液相并存的盐湖。

综上所述，柴达木盆地诸河一方面由于经济社会用水较少，人与河流总体上处于初级共处阶段。另一方面，主要由于自然原因，河流尾闾湖泊处于自身的萎缩进程之中。

（六）青海湖

青海湖，古代称为"鲜水"、"西海"、"卑禾羌海"，北魏起始称青海。蒙古语称"库库诺尔"，藏语叫"错温波"，都是"青兰色的海"之意。1949年后通称青海湖。历史上青海湖南北两岸曾是古丝绸之路南线的一个组成部分，1992年被联合国列为国际重要湿地。

由于高寒缺氧、环境恶劣的原因，流域人口稀少，水资源开发利用程度很低。2000年，经济社会总耗水量不足流域水资源总量的2%，人与河湖处于初级共处时期。

由于气候干旱和湖面蒸发的影响，青海湖湖区水源补给与消耗长期不平衡，导致湖区水位下降，湖面面积缩小，湖水矿化度升高，萎缩趋势明显。史料记载，北魏时青海湖周长号称"千里"、唐代"八百"、清乾隆时减至"七百"，如今则仅有300km（六百）。

1908年青海湖水位为海拔3 205m，1959年为海拔3 196.6m，2000年为海拔3 193.3m。1908～2000年的92年间，湖水位下降了11.7m，平均每年下降0.13m。其间1959～2000年间，湖面面积由4 548.3km²缩小到4 260km²，湖水储量亦由869.8亿m³减少至715.9亿m³，累计减少储水量近150亿m³。由于湖水减少，矿化度升高，1962～1986年，湖水矿化度由12.5g/L上升到14.2g/L。由此看出，虽然人类用水很少，但是由于自然因素的影响，青海湖依然处于自身生命节律的萎缩进程中。

三、过度开发时期

随着人口数量和经济社会规模的大量扩张，人类对于西北内陆河的索取和掠夺越来越多，施加于生态环境的压力越来越大。人们对于资源的合理利用和生态环境的有效保护以及人类活动的自律与约束，无论是认识还是行动都做得远远不够。表现在经济增长模式和河流资源开发方式的科学改进与合理调整明显滞后。因此，河流被过度开发。其特点集中表现为人类需求、河流资源、生态环境容量之间的总量失衡和总体失调，从而造成需求失控、资源枯竭和环境恶化的全面危机。

（一）人口过度增长

西北内陆河地区2000年人口已达2 041万人，与1949年相比增加了近3倍。1949年新疆人口433.6万人，1990年增加到1 515.6万人，1999年增加到1 700万人。塔里木河上游源流区人口从1950年的156万人增加到2000年的840万人。河西地区，20世纪90年代与50年代相比，人口增加了250万人，已达468万人，增加了一倍以上，人口密度高达235人/km²，在人口集中居住的绿洲地区，人口密度已接近甚至超过了东部沿海地区。

与全国其他地区相比，西北内陆河地区人口增长速度快，总量增加迅速，占全国比例不断提高。1949～1982年，人口年均增长率为25.96‰，高于同期全国平均水平的18.87‰，在全国人口总数中的比例也由5.51%上升为6.91%。1982～1999年，人口年均增长率为15.37‰，高于同期全国平均水平的13.41‰，人口总数占全国总人口的比例也上升为7.14%。相对于干旱缺水荒漠化的资源环境条件，西北内陆河地区人口分布已经超过了干旱半干旱地区的合理密度，超出了该地区河流资源与生态系统的承载能力，人口与水资源和生态环境之间的矛盾日益突出。

（二）人工绿洲不断扩展，用水增长失控

20世纪50年代以来，随着人口的增长和经济社会的发展，西北内陆河上中游地区大规模建设水利工程，大量拦截地表水和开采地下水，不断扩大灌溉面积，使水资源的消耗量迅速增长。

1949年以前，新疆全境仅有1座库容为0.5亿m³的水库，到20世纪80年代，发展到458座，总库容达到53.71亿m³，几乎所有河流上均修建了不同规模的水库。1949年河西走廊仅有水库2座，20世纪90年代发展到142座，总库容达到10.5亿m³。到20世纪90年代末，西北内陆河流域有大中小型水库642座，总库容81.6亿m³。引水工程879处，设计年引水743.4亿m³。提水工程201处，设计年提水8.7亿m³。20世纪70年代以后，西北内陆河地区普遍开采地下水，到1993年，新疆和河西走廊内陆区机井数已超过4.8万眼。

1949~2000年，西北内陆河地区农田灌溉面积从1 770多万亩增加到4 603万亩，增长了1.6倍。其中河西地区由新中国成立初的392.6万亩，增长到2001年的979.86万亩，50年间增长了1.5倍。塔里木河上游三源流灌溉面积从1950年的522万亩，增长到1998年的1 459万亩，增长了1.8倍。由于盲目扩大灌溉面积，大水漫灌，排水不畅，以及被垦荒地土壤本底母质富含盐分，致使灌区盐渍化问题突出，据1995年统计，塔里木河流域盐碱地面积占耕地面积40%以上，其中喀什地区甚至高达60%以上。

人工绿洲的增加，使有限的水资源难以维持，西北内陆河灌区用水量从20世纪50年代的150多亿m³增加到20世纪末的473亿m³，用水增长了2.2倍(见图2-3)。1949~2000年，河西地区农业用水由51亿m³增加了32亿m³，用水增长了60%以上，致使黑河流域水资源利用率达到80%，石羊河流域甚至高达150%以上。

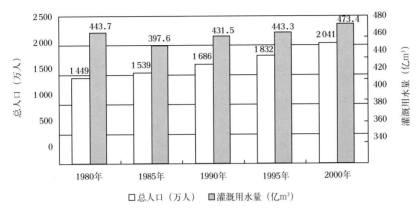

图2-3　西北内陆河地区人口及灌溉用水增长示意图

（三）超载过牧

对生态十分脆弱的牧区草原，不仅要重视它的经济资源功能，更要看重它的生态屏障功能。西北内陆河牧区从资源条件上看，大部分为干旱半干旱荒漠草场，植被覆盖度低，草场质量不高，载畜能力有限，只可限量放牧。50多年来，几乎所有牧区都超过了生态安全允许的合理载畜量。据分析，20世纪80年代，新疆的草地载畜能力为3 202.77万头，至20世纪末载畜能力仅为2 600万头，而牲畜数量为4 525万头，按此计算，草场牲畜超载率高达74%，局部地区甚至超过100%。黑河下游额济纳旗1949年牲畜仅2.9万头，1985年达到16万头，草场牲畜超载80%以上。

据农业部门调查分析，西北内陆河地区牧区牲畜超载严重，每头牲畜占有可利用草场水平大幅下降：1949年，新疆每头混合畜占有可利用草场73亩，1990年下降为22亩。青海省在20世纪50年代初，每只羊占有32亩草场，目前不到10亩。甘肃省肃南县在1949年时，每只羊单位占有草地167亩，1970年减少到30亩，到1983年只有24亩，目前平均仅有8～11亩。

维系内陆干旱区生态系统良性循环最重要的因素是水，牧区草原生态系统十分脆弱，自然形成的水、土、草平衡关系极易破坏，稀疏低矮草地极易发生风蚀沙化。盲目开发，无序利用，超过天然草地承载能力的放牧活动，加重和加快了对生态环境的破坏。牲畜的过度啃食，使牧草植株变稀变矮，优良牧草减少。牲畜的过度践踏，使地表结构受到破坏，造成风蚀沙化。

黑河上游超载过牧生态环境恶化　邰国明　摄

（四）河流尾闾的萎缩与消失

尾闾湖泊是西北内陆河的归宿，也是其生态系统的重要组成部分。根据中国工程院以刘东生院士为首课题组的研究成果，大约自商代以来，西北地区即处于虽有波动但仍然缓慢发展的干旱化气候背景下，由此也即导致当地内陆河进入了虽有波动但仍持续缓慢发展的萎缩进程之中，这也正是石羊河尾闾湖泊由潴野泽演变到白亭海再演变到青土湖的气候背景。直到21世纪的今天，在青藏高原海拔高、人口稀少的柴达木盆地和青海湖地区，河流尾闾湖泊渐进式的持续萎缩演化虽然也受到人类活动的一定影响，但自然因素始终占据着主导地位。

在新疆天山南北和甘蒙河西地区，自20世纪20年代以来短短数十年间，当地内陆河因人类活动影响加剧而先后进入了过度开发全面危机时期，致使部分河流尾闾湖泊严重萎缩甚至消亡。其间虽然也有自然因素的一定影响，但不占主导地位。20世纪西北内陆河尾闾湖泊的萎缩与消亡大部分属于这种情况。例如，20世纪50年代以后塔里木河尾闾罗布泊与台特玛湖、疏勒河尾闾西大湖、黑河尾闾东、西居延海的干涸与沙化，以及天山北麓艾比湖的大面积萎缩，均和人类活动有着密切关系。石羊河尾闾在进入青土湖时期以后，之所以能够在20世纪20年代至50年代初期短短20多年间，由偌大湖泊迅速变成沼泽并进一步干涸沙化，更是人类活动用水迅速增加的直接结果。

（五）污染加剧

西北内陆河发源于高海拔山区，水质良好，多数河流源区及上游水质为Ⅰ、Ⅱ类。但是进入中下游，河流水质受到污染，普遍存在不同程度恶化现象，其原因来自两个方面：一是自然背景因素，在长期干旱化的自然历史背景下，西北内陆河中下游地区土壤母质富含盐分，沿途溶入河中，造成局部河段水质超标，超标因子多为Cl^-、SO_4^{2-}。二是人为污染因素，由于人口增加，工业发展，污染防治不力，在人口集中的城镇与工业基地因人为排污增加而造成工业污染和生活污染，致使河流水质恶化。

西北内陆河地区经济基础薄弱，城市基础设施建设缓慢，城市排水管网和污水处理设施的建设严重滞后于城市建设，城市废水处理率不足10%，远远低于全国平均水平。在20世纪80年代以前，水质污染主要存在于大城市和工业区附近，例如疏勒河玉门镇河段和石羊河金昌河段。80年代后，随着人口的增加和人类活动的加剧，河湖水体污染呈加重趋势。以石羊河为例，1998年武威市排入石羊河流域的废污水总量为1 590万t，而2002年排污总量就提高到了2 933万t，相比增加了1 343万t，增幅达84%。

据统计，2000年西北内陆河地区点污染源废污水排放总量8.27亿t，其中一般工业废水排放量4.84亿t、城镇生活污水排放量3.43亿t，分别占总量的58.5%和41.5%。2000年西北内陆河地区各类废污水入河总量为2.80亿t，其中工业、城镇生活及混合污水分别为1.57亿t、0.39亿t和0.84亿t，分别占总量的56.1%、13.9%和30.0%。

2000年西北内陆河地区COD入河总量17.7万t，其中点、面污染源分别为9.7万t和8万t，分别占总量的54.9%和45.1%。氨氮入河总量

1.16万t，其中点、面污染源分别为0.72万t和0.44万t，分别占总量的62%和38%。

四、和谐相处时期

在西北内陆河的开发进程中，原始蛮荒时期文明程度很低，自然非人所愿。初级共处时期的主要特征是人类因生产力低下而对于河流的开发程度较低，虽然总体上人与河流、人与绿洲得以在较大的回旋空间中相安共处，但是节衣缩食的贫穷生活与水土资源的不充分利用乃至大量闲置毕竟不是人类社会发展的目的。过度开发时期由于生产力水平的提高和人类需求的膨胀，导致对于内陆河流的过度开发与大肆掠夺，以致造成水资源枯竭与生态环境恶化的严重后果，反馈影响到人类社会无法持续良性发展，文明进步难以为继。人类开发河流的正反历史经验教育了人们，使人们反思并探索如何在生产力水平和社会需求大大提高的情况下，更科学合理地协调人类需求、资源能力、环境容量之间的关系，从而实现在经济社会更高发展阶段上的人与河流、人与自然的和谐相处。人与河流和谐相处时期就是这样的理性追求和开发阶段，它是生产力水平大大提高和社会物质财富较为丰富条件下人与河流的"和谐相处"，而不同于生产力水平低下和社会物质财富贫乏条件下人与河流的"初级共处"。

科学开发和谐相处时期是人类开发河流的高级阶段，其特点是既要满足规模数量已经很大且生活水平又不断提高的人类物质需求，又要将人类需求置于水资源承载能力和水环境承受能力的范围之内，为此就必须转变经济增长模式，建设资源节约型和环境友好型的和谐社会。20世纪后半叶，世界上一些发达国家的河流，如欧洲的莱茵河、泰晤士河，以及以色列的水资源开发利用已经率先实现了这种高级开发模式。

在中共中央科学发展观的指导下，西北地区总结历史上内陆河开发的经验教训，面对干旱缺水荒漠化的突出问题，深刻认识到为了实现地区可持续发展，必须对内陆河进行科学开发，合理利用和节约水资源，保护绿洲与荒漠生态环境，建设资源节约型、环境友好型社

额济纳旗，金秋胡杨节上各族人民载歌载舞　周长春　摄

会，实现人与自然和谐相处。当前，在西北内陆河地区，虽然人与河流和谐相处的时期尚未到来，但是方向已经明确，目标已经确定，先期工作已经启动。2000年，国家已率先在黑河东部子水系和塔里木河"四源一干"地区开展了治理试点并已初见成效。疏勒河对正在实施的流域骨干工程进行了重大调整。石羊河在编制流域治理规划的同时，以挽救下游民勤天然绿洲为目标的首期工程已于2006年启动。可以预见，不久的将来，西北内陆河将迎来人水和谐相处的新时期。

第三章

西北内陆河的生态危机

　　西北内陆河地区长期干旱化的气候环境，以及与之相适应的大面积沙漠地貌景观的形成自有其历史的、自然的、人力无法抗拒的因素，但大自然沧海桑田的演变是以数千年为时间尺度的漫长过程，相对于较短的历史时期往往是相对稳定的。据分析，自20世纪以来，西北内陆河的集中水源地—山区降水和产水基本稳定。但是，自20世纪20年代以来，以西北内陆河之一的石羊河尾闾青土湖进入不可逆转的消亡期为代表，人类活动对西北内陆河的过度开发与日俱增，其中尤以20世纪50年代以来更为严重，导致大多数内陆河产生严重生态危机，集中表现在绿洲萎缩、湿地沙漠化、水质恶化、沙尘暴肆虐、生态难民等方面。

第一节　天然绿洲萎缩

　　西北内陆河地区气候干旱，降雨稀少，单位面积年产水模数只有3.1万m^3/km^2，仅相当于中国北方地区及黄河流域的35%，整个西北内陆河地区是一个资源性缺水非常严重的地区。水资源缺乏和水土资源不协调决定了天然绿洲生态脆弱，容易遭受破坏而荒漠化。自然因素方面，高寒山区有效积温不足，林草生长缓慢。河流中下游地区水源不足，限制绿洲规模。人类活动方面，影响天然绿洲发展的因素很多，主要是：砍伐森林与灌丛，造成恢复困难，林线后退；牲畜超载过牧造成草场沙化，导致草原绿洲萎缩；对于沙生植被的滥采、滥挖、滥樵，导致沙丘活化，沙漠扩张；开发人工绿洲，人为干预有限水资源在天然绿洲和人工绿洲之间的重新分配，从而导致天然绿洲因水源减少，地下水位下降而萎缩，而这正是造成天然绿洲萎缩的最重要因素。从总体上讲，该地区的水资源总量相对稳定，水资源在人工绿洲和天然绿洲之间的分配只能是此消彼长的关系。为了生存，当地人们必须开垦农田发展灌溉，以保障粮食安全，由此也就夺取了原有天然绿洲和沙生荒漠植被的部分水源。如黑河中游张掖市年降水量140mm，年蒸发能力1 410mm，1999年每亩农田平均产粮340kg、棉花12.5kg、油料216kg，不计降雨条件下净耗灌溉水量405m³[1,5]。额济纳地区年降水量39mm，蒸发能力2 514mm，2000年前后天然绿洲林草面积2 100km²，维持其不再退化的生态环境需水量为2.81亿～3.67亿m³，不计降雨条件下单位绿洲面积耗水90～120m³/亩。以梭梭为代表的沙生灌丛荒漠植被，不计降雨条件下，年平均每亩补水30m³以上即可维持中低盖度生长水平[3,1]。在新疆北部古尔班通古特沙漠边缘，某些年降水量100～150mm的地区，封育条件下荒漠植被可生长良好。综上所述，在为人们提供赖以生计的粮食和农副产品的同时，1亩灌溉农田的耗水量相当于4～5亩天然绿洲，或者10亩以上中低盖度沙生荒漠灌草的耗水量。就是说，在干旱地区，高效益的人工绿洲是人类的杰作，但又必须以大面积天然绿洲和荒漠沙生植被的水源转移为代价。

几十年来，一方面人工绿洲在扩大并为人们提供了丰富的物质财

古尔班通古特沙漠边缘植被景观，封育三年　张彦军 摄

富；另一方面，更大范围的天然森林和草原遭到破坏。据调查，20世纪50～90年代，西北内陆河地区曾掀起多次大规模的毁林毁草垦荒高潮，其间人工绿洲增加了8 300km²，农田灌溉面积从1 770万亩增加到4 603万亩，同时由于牲畜数量增长导致超载过牧，致使林草地减少了38万km²，300万亩森林和1亿亩草原遭到破坏[3.2]。天山北部的准噶尔盆地原来平均植被盖度达50%～60%，沙丘多处于固定半固定状态。但随着上游农灌面积增加，地下水位下降，古尔班通古特沙漠的面积从1 500km²增至7 500km²。玛纳斯河流域森林采伐十分严重，流域输沙量由20世纪50年代的年均117万t上升至70年代的192.6万t。在河西走廊，祁连山区森林界线平均退缩29.6km，最多可达40.0km，森林覆盖率由20世纪50年代的20%减少到现状的12.4%，祁连山西段约6 000万亩山地森林已荡然无存，直接导致山地土壤侵蚀加剧[3.3]。人口稠密的石羊河流域，风沙侵蚀和水土流失面积达8 630km²，已占流域总面积的21%。

一、塔里木河下游绿洲的萎缩

在绵延1 321km的塔里木河两岸，这条无与伦比的新疆"母亲河"为新疆各族人民开拓了奇迹般的大漠"绿色长廊"，为包括人类在内的所有生命拓展了一个广阔的生存空间。伴随这一区域人口增加、垦殖业扩大和引水规模无序增长，水土资源平衡遭到破坏。早在20世纪40年代以前，塔里木河流域的车尔臣河、克里雅河、迪那河、喀什噶尔河、开都河—孔雀河、渭干河六大源流就与塔里木河干流失去了地表水力联系。20世纪70年代至2001年，干流台特玛湖以上断流河段已长达320km，距历史上的尾闾罗布泊则有千里之遥。在过去数十年间，由于塔里木河大部分径流量被消耗于源流地区，进入干流水量减少，生态调节功能明显减弱，以及人们滥垦滥伐森林，致使下游地区胡杨林、柽柳灌木林面积以每年5万亩到10万亩的速度在减少。同时，在地下水位下降和超载过牧的双重压力下，400多万亩草场退化。

胡杨属于干旱荒漠乔木，高大挺拔，耐盐碱，抗风沙。新疆的胡杨林面积占全国的91%，沿塔里木河干流呈走廊状分布的数百万亩胡

塔里木河下游枯死的胡杨　王福勇　摄

杨林是目前世界上面积最大的一片原始胡杨林，自西北向东南绵延260
余km。如今由于缺水，号称沙漠卫士的胡杨林终于也支撑不住，一片
一片衰败枯死。塔里木河上中游胡杨林面积1958年为780万亩，1979年
已减少到420万亩，目前为360万亩。下游两岸的胡杨林带被人们称为
"绿色走廊"，18世纪40年代，这一地区有胡杨180万亩，水草丰茂，
牧业兴旺，人们安居乐业，到20世纪50年代，胡杨林面积减少到81万
亩，目前仅剩11万亩，大片的胡杨林正以惊人的速度消失[3.4]。

二、柴达木盆地细土带绿洲的破坏

柴达木盆地历史上曾是林草繁茂的绿洲，早在公元4世纪辽东鲜
卑族来此建立吐谷浑王国并定都都兰城的时候，这里还盛产柏木，至
今都兰古墓中使用的大量柏木仍随处可见。到了20世纪50年代初期，
柴达木盆地灌草植被仍然良好，广布天然绿洲。20世纪50年代以来，
柴达木盆地经历了人口大批迁入又迁出，土地大量开垦又撂荒的曲折
历程。据统计，其间迁入人口达70多万人，迁出达57.4万人。1960年

累计开荒面积曾高达126万亩，两年后弃耕面积又达82万亩，占65%。其中格尔木农场至今弃耕面积仍占已垦耕地面积的62%。大量开垦又弃耕、大批外来拓荒者滥挖灌草以充燃柴之需，以及牲畜数量增长超载过牧，导致大量当地特有的细土带天然绿洲遭到破坏[3.5]。再者，公路等基本建设对于植被也造成了严重破坏，现在格尔木沿进藏公路两侧几十公里范围内灌木林丛都已挖光。20世纪50年代初期盆地内原有沙区植被3 000多万亩，现已三分之二遭到破坏。

三、黑河下游额济纳绿洲的衰落

自古以来，额济纳绿洲胡杨林、柽柳林和分布在广大沙漠地区的梭梭、沙冬青等丰富的荒漠植被，构成了阿拉善高原西部额济纳绿洲独特的生态系统。其植物群落各自占据一定的生态位置，物种之间通过生存竞争的适应性选择，发育比较完善，能量流动与物质循环活跃，时空关系适宜，结构功能协调，形成一个相对稳定、沙生荒漠植被处于主导地位的自然生态系统。这个系统，不仅可以调节气候，净化大气和水体，防风固沙，防止水土流失，保持和美化环境，而且它包藏、庇护、孕育、繁衍了大量动物、植物和微生物，不仅是一个蕴藏大量荒漠物种资源的基因库，也是一个生物多样性的繁育场。

黑河下游枯死的胡杨林[3.6]

20世纪50年代至2000年间，黑河上游修建了大小几十座水库，输入下游水量大减，每年流入额济纳绿洲的水量由50年代的9亿m³，减少到2亿m³左右，致使地下水位下降，绿洲萎缩。就在上游来水锐减，下游天然绿洲地下水位逐年下降的同时，额济纳绿洲上承载的牲畜数量却增长了4～5倍，超载严重。这样一来，胡杨林由75万亩减少到34万亩，灌木林由原来的2 000多万亩减少到300多万亩。80%～90%的草场已经荒漠化，130多种草本植物仅剩下不足30种，百余种野生动物基本绝迹，一批批农牧民不得不举家搬迁[3.7]。对地表水依赖性强的绿洲植被严重退化或大面积死亡，丧失了原生植被的生态保护功能。额济纳绿洲面积由6 302km²退化到目前的2 144km²，并且以每年13km²的速度递减。新形成的沙丘、沙丘链及砂砾戈壁，正以前所未有的扩展速度向东南方向蔓延，同其东部的巴丹吉林沙漠靠拢，形成了整片大漠瀚海，导致沙尘暴频繁发生，荒漠化面积不断扩大。

四、石羊河下游民勤绿洲的消亡

在腾格里沙漠与巴丹吉林沙漠的夹缝中，纵卧着一线南北长约140km、最宽处约40km的民勤绿洲。民勤绿洲地处河西走廊东北部石羊河流域最下游，它阻止了腾格里、巴丹吉林两大沙漠的连片，被誉为镶嵌在沙漠深处的绿色宝石。2 800多年前，民勤人就创造过举世闻名的"沙井文化"。新中国成立后，民勤人民与风沙抗争，经几代人努力，营造并保存下1 275万亩防风固沙林，沙区群众开始安居乐业，成为当时全国治沙先进典型。随着上中游农业开发大量用水，流入民勤的水量逐年减少，由20世纪50年代年均5.42亿 m³，减少到近年入境水量不足1亿 m³。加上人口增加，开垦强度加大，年超采地下水达4亿 m³，导致绿洲萎缩。如今，荒漠化土地已占到全县总面积的94%，腾格里和巴丹吉林两大沙漠在这里开始连接。

民勤县共有天然草场1 275万亩，其中荒漠草场面积占三分之二以上，半荒漠草场覆盖度由20世纪50年代的30%，下降到90年代的不足10%。20世纪50年代有天然沙生灌木林1 995万亩，目前下降到109.5万亩，且70%已经衰败。20世纪50年代，丘间低地、湖畔及沟渠两旁，湿中生植被茂密，覆盖度在80%以上，其中半固定的白茨沙丘约占30%，但近年来，这些湿中生的植物已经残败，就是耐旱的沙生植物也大量枯萎。绿洲周围沙丘植被覆盖度由20世纪50年代的44%降至目前的15%以下。110万亩的人工沙枣林和梭梭林，已有74万亩衰败死亡并全部沙漠化。由于缺乏地表淡水以及地下水盐化，绿洲最北部湖区近20年来已有40万亩农田弃耕，并风蚀沙化变为沙漠。1977～1993年间新开垦荒地33.7万亩，同时也弃耕43.1万亩，开荒和弃耕地占1993年全县耕地面积的21.7%和27.7%[3.8]。

第二节　湿地变沙漠

　　湿地是水陆相互作用形成的独特生态系统，具有季节或常年积水、生长或栖息喜湿动植物等基本特征，是自然界最富生物多样性的生态景观和人类最重要的生存环境之一。湿地和森林在一起时，人们常常把湿地地域称为地球的"肾"，而把森林称为地球的"肺"。西北地区内陆河流均发源于高大山地，向山间盆地内部汇集，在许多内陆河的尾闾，由于地势低洼，常潴水形成湖泊，有的则在荒漠中逐渐蒸发消失。大部分内陆河流湿地类型以河流两岸的沼泽和下游尾闾湖泊为主，季节变化明显。在很多淡水湿地附近，由于具备在干旱地区十分宝贵的淡水资源，常常形成牛羊成群、水草丰美的绿洲，成为当地生物多样性高度集中的地方，它们为大批迁徙鸟类提供了难得的繁殖地。例如黑河尾闾就是内蒙古西部高原上极为稀少的湿地，是很多迁徙鸟类中途停歇的重要驿站。

　　20世纪以来，在干旱化的气候背景下，随着人口增加和经济社会的不断发展，西北内陆河进入下游及尾闾水量持续减少，直接导致湿地萎缩。据统计，自20世纪50年代以来，西北内陆河地区共有近12.9万km²天然湿地严重萎缩[3.9]，其中相当一部分湿地消失后变成了沙漠。

一、罗布泊与台特玛湖干涸沙化的巨大灾难

　　罗布泊，因地处塔里木盆地东部的古丝绸之路要冲而著称于世。在悠久的历史年代中，罗布泊最大面积5 350km²，因水域广阔，人迹罕至而成为一块充满神秘色彩的地方。汉代，罗布泊"广袤三百里，其水亭居，冬夏不增减"，1 500多年前，丝绸之路上有一座美丽富饶的城市楼兰就在罗布泊附近。后来，由于塔里木河改道，尾闾湖泊游移到喀拉和顺湖，原罗布泊萎缩，从而导致古楼兰国衰亡，历史留下

了千年沧桑的伤痕。后来一直到1921年，塔里木河复改道东流，再注罗布泊，至20世纪50年代后期，湖面面积仍达2 570km²。此后，由于汇流区耕地面积急剧扩大，用水量成倍增加，塔里木河、孔雀河下游断流，最终导致罗布泊于1972年完全干涸。

台特玛湖位于若羌县北部，历史上是塔里木河与且末河（车尔臣河）的尾闾湖，最大湖面面积达150km²。至1962年，湖面面积还有88km²。由于塔里木河断流，继罗布泊之后，台特玛湖作为塔里木河的最后一个尾闾湖泊，也于1974年完全干涸，变成了一片沙漠。

自从20世纪20年代初期塔里木河回归故道，罗布泊重新注水后再到70年代前期尾闾罗布泊、台特玛湖相继干涸，前后经历了半个世纪。其间，人类社会与塔里木河都发生了巨大变化。20世纪70年代这一次罗布泊、台特玛湖干涸与历史上情况不同，它不是尾闾湖泊的游移搬迁，而是塔里木河全部尾闾湖泊的消失。消失后的罗布泊和台特玛湖湖区迅速沙化，胡杨死亡，绿洲后退，沙埋路断，人迹罕至，一片凄凉景象。

二、艾比湖萎缩与盐尘危害

20世纪50年代初期，艾比湖水面面积达1 200km²，由于气候波动和人类用水增加的原因，至20世纪80年代湖面面积一度缩小到500km²。其间从1957年至1977年的"大开发"时期，湖面面积年均减少25.9km²[3.10]。

由于湖底土质富含镁盐，湖面退缩后裸露的湖底迅速沙化成为颗粒细微的含镁盐尘。艾比湖区西部紧邻阿拉山风口，东部是精河、奎屯、石河子、乌鲁木齐、吐鲁番、哈密等城镇经济带，每年冬春季节，阿拉山口吹来的西风裹挟着艾比湖裸露湖底的有害盐尘，向东飘浮散落到上述城市上空，导致精河等沿湖城镇居民呼吸道疾病、眼病频发，危害日甚，同时也对乌鲁木齐等城市空气质量造成严重影响。

三、疏勒河尾闾湖泊的消失

古之疏勒河，以罗布泊为归宿，曾经是河流纵横、湖泊遍布、古木参天、虎豹出没的神秘之地。清雍正七年（1729年），陕甘总督抚西大将岳钟琪用兵新疆，使兵卒开拓疏勒河、党河之水而通舟船（后改为羊皮筏）以运军粮获得成功[3.11]。后因大量砍伐森林灌丛，致使植被破坏，至清末河水即无法汇入罗布泊，而归宿于中途的哈拉诺尔湖。

哈拉诺尔湖，历史上曾是疏勒河下游最大的河道湖，上距河源600km，接纳干流与支流党河之水，湖面面积曾达100多km²。20世纪60年代，随着干流双塔水库的建成和党河的开发，疏勒河在西湖乡以西断流，入湖水源被切断，导致哈拉诺尔湖萎缩干涸。如今，西湖乡以西至哈拉诺尔湖一带，呈盐土滩地和风蚀残丘，植被急剧萎缩，生态环境恶化。

四、东、西居延海干涸沙化的直接影响

黑河下游古称"弱水"，魏文帝曹丕曾经赋诗赞美其"弱水潺潺，落叶翩翩"。古代弱水居延三角洲河网交织，湖泊浩淼，林草茂

额济纳旗境内西河干涸的河床　额济纳旗水务局供

密，牛羊成群，是匈奴等少数民族游牧生息之地，也是居延—黑城文明的发祥地。兰州大学冯绳武教授在《河西黑河（弱水）水系变迁》中写道：古居延海面积720km²，到宋朝末年，古居延海逐渐消失后，形成的新居延海面积还有350多km²[3.12]。至清代，诗人任万年笔下的黑河水"巨浪滔天大石浮，龙形滚滚向东流"，全部注入了居延海。1944年，农林经济学家董正钧在其所著的《居延海》中这样写道："海滨密生芦苇，粗如笔杆，高者及丈，能没驼上之人，极似荻苇，入秋芦花飞舞，宛若柳絮。马牛驼群，随处可遇，'天苍苍，野茫茫，风吹草低见牛羊'之佳句，至此始知其妙绝也……著者跨驼海岸，时见马饮水边，鹅翔空际，鸭浮绿波，碧水青天，马嘶雁鸣，缀以芦草风声，真不知为天上人间，而尽忘长征戈壁之苦矣[2.3]。"直到20世纪50年代，西居延海、东居延海水面面积分别仍有267km²和35km²。随着进入湖区水量的减少，居延海迅速萎缩，终于1961年和1992年导致西、东居延海先后干涸沙化，并与巴丹吉林等周边沙漠连成一片。

五、青土湖消失与沙漠扩张

历史上石羊河下游长期存在大面积的尾闾湖泊——潴野泽，又称休屠泽，水面浩翰。《尚书·禹贡》、《水经注》里有过记载，称"碧波万顷，水天一色"，拥有4 000多km²的湖水面积。主要由于自然环境的演变和制约，潴野泽逐渐退缩，至隋唐以后演化成白亭海，再后来至清代演化成青土湖。青土湖形成于19世纪末，系石羊河下游支流大西河在一次特大洪水中汇集而成，方圆约200km，是民勤绿洲最晚出现的最大湖泊，碧水粼粼，水草丛生。每当风清月明之际，湖中笙歌管弦，悠扬悦耳，数里可闻。青土湖边的芦苇有一房多高，春天黄花开满湖堤，人一走近，受惊的大雁、野鸭会腾空而起。

自民国以来，石羊河流域人口大量增加，水土资源发生了显著变化。随着以武威为中心的人类定居点向天然绿洲扩张，用水量急剧增加，从而导致进入青土湖的水量逐年减少。自1924年最后一场洪水入湖以后，青土湖即进入了持续的萎缩期，由于再无洪水汇入，湖面逐渐萎缩。20世纪40年代，青土湖仍有部分积水，其他各湖全部干涸。

石羊河尾闾干涸的青土湖 侯全亮 摄

随着上游来水量的持续减少，石羊河的最后一个尾闾湖泊青土湖也于1953年完全干涸，初为芦苇丛生的湖滩荒地，直到今天变成一片碱滩与沙漠，湖水已干涸了50多年，唯有满地的贝壳，能证明这里曾是一个碧波连天的地方。

几千年来，以潴野泽—白亭海—青土湖为屏障的民勤绿洲阻挡了巴丹吉林沙漠和腾格里沙漠的合拢，被称为"沙海一叶舟"，古凉州因得益于民勤绿洲的拱卫才能够成为河西重镇。经考察石羊河的演变历史可以看出，石羊河尾闾从潴野泽到白亭海再到青土湖，前后数千年，主要受自然因素的制约而演化。自20世纪20年代以来，青土湖的持续萎缩直到消亡，却主要受到人类用水的影响。由于石羊河尾闾湖泊的消失，直接威胁到民勤绿洲的安全。如今，在绿洲外围，有15万亩流沙经由69个风口正昼夜不停地进犯，以平均每年8～10m的速度吞噬绿洲。

第三节　水质恶化

当前西北内陆河地区水环境质量总体尚可，但是由于径流较少、用水迅速增加，水环境容量进一步受到压缩，发展趋势不容乐观，尤其在城镇集中、人口密集河段，工业与生活污染严重，危及局部河段水域质量。

一、塔里木河

塔里木河在1958年以前是一条淡水河，干支流河水矿化度均未超过1.0g/L。由于输送给干流的水量逐年减少，加之灌区洗碱排盐，导致河水矿化度不断升高，水质恶化。据2000年全国水环境功能区划成果，1985～1998年监测结果表明，阿拉尔、新渠满及卡拉年平均矿化度分别为1.85g/L、1.37g/L和1.34g/L。其中1～3g/L的微咸水占年径流的44.2%，3～5g/L半咸水占16.9%，大于5.0g/L的咸水占4.0%。据水质监测，干流上中游阿拉尔站1997年有7个月水质矿化度超过3g/L，枯水期4～6月水质矿化度达到6～10g/L，是灌溉用水标准的3～5倍，不仅不能饮用，而且会导致植被衰败枯死，水质恶化使得本来就已经恶化的塔里木河干流生态环境雪上加霜。由于上游来水减少与矿化度升高，导致干流下游地区在地下水位下降的同时，地下水矿化度绝大部分已大于5.0g/L [3.13]。

二、天山北麓诸河

污染较重的河流是奎屯河、博尔塔拉河，评价河段水质分别为Ⅴ类和Ⅳ类，主要超标因子为COD_{Mn}、BOD_5；艾比湖和柴窝堡湖，水质也分别为Ⅴ类和Ⅳ类。乌鲁木齐河、玛纳斯河也都有部分河段因受到严重污染而水质恶化。

三、柴达木盆地诸河

柴达木盆地诸河发源于周边山区，水质较好，出山后沿途受到富盐土壤母质的影响，水质逐渐变差。大多数河流中下游，河水矿化度大于0.5g/L，盆地中心及西北部甚至高达10g/L以上，属高矿化水区。河水总硬度的分布规律大致与矿化度相似，格尔木河及其以西的河水总硬度在17～25德国度之间，属硬水区。由于气候、地形、地质和地表水水质等因素的影响，从山前到地下水汇水中心，盐化作用加强，矿化度急剧升高，到盆地中心地带则形成盐水或卤水。另外，少数人口集中及工业城镇所在的局部河段，由于工业与生活污水几乎没有处理，致使局部河段水质变差，甚至不能饮用。例如鱼水河受到严重污染，已成为格尔木市的纳污河流。

四、青海湖

青海湖环湖河流及湖区水域主要受水土流失带来的面源污染，人类活动主导的点源污染尚不严重，但其变化趋势值得重视。20世纪50年代以前，湖区基本无工业污染，50年代以后，随着经济的发展和资源的开发，湖区环境污染问题日见明显。据青海省卫生防疫站1983年调查，流域内西北部几条河流均受到不同程度的污染，污染物主要为砷、氰化物及酚类。湖区现有工矿企业对污水和废渣等基本无任何处理设施，各类污水直接排入湖区。据调查，每年排放到布哈河、沙柳河、哈尔盖河带有细菌和有机物的医院污水1.446万t，顺水而下，流入湖内；工业企业排放污水54.71万t，其中直接排入河道的工业污水11万t，主要污染物年均排放量达486.8t。此外，每年大量牲畜药浴废液和湖滨农牧业生产中施用的化肥、农药、杀虫灭鼠剂，对青海湖也造成了污染。

五、疏勒河

疏勒河流域石油河水质污染严重，玉门市工业废水和生活污水的排放去向主要是石油河，每年总计约730万t。从历年来的监测数据看，pH（酸碱度）、溶解氧、COD（化学需氧量）、挥发酚、油、铜等主要污染物含量超标。其中油类和挥发酚超标幅度最大，1990年平均值分别为263.28mg/L、3.25mg/L，超标874.3倍和650倍。1994年平均值为14.94mg/L、0.387mg/L，仍分别超标48.8和76.4倍。同时，石油河流入的赤金峡水库也受到严重污染，水库进口1994年石油类年平均值409mg/L，超标15.3倍。石油河由于污染物严重超标，水质劣于Ⅴ类，自净能力完全丧失，水生物已绝迹[3.14]。

六、黑河

由于黑河中游地区人口增加和灌溉面积扩大，引水和耗水都大幅度增加，水质污染总体呈加重趋势。2004年在所监测的六个断面中，除莺落峡水质为Ⅱ～Ⅲ类外（个别项目达Ⅳ类），高崖、正义峡两断面水质污染较重，污染有上升趋势。两断面所测项目（24项）均有7项超标，水质达Ⅳ～Ⅴ类，其中氨氮超标达2.0倍。近年来，额济纳地区入境地表水量不断减少，导致西河区建国营北部地区地下水下降了2～3m，东河区达莱库布镇以北地区地下水下降了0.5～1.0m。地下水矿化度普遍升高，一般为1g/L，高者达2～3g/L。沿河1 548眼井，有1 018眼井干涸或水质恶化而不能使用，严重影响当地居民身心健康和畜牧业的发展[3.15]。

七、石羊河

近20年来，随着流域内工农业的快速发展和城市化进程的加快，工业和城市生活废污水排放量逐年增加，河道及水库的污染问题日趋严重。根据武威市环境监测站对石羊河地表水环境质量监测结果，校东桥断面、扎子沟断面和红崖山水库水质均为劣Ⅴ类，主要超标污染物为生化需氧量（BOD）、化学需氧量（COD）和总大肠菌群，污染级别为重污染[3.16]。

民勤灌区从20世纪70年代初期开发利用地下水，20年来累计超采地下水45亿～50亿m³，地下水位普遍下降了4～17m。1979～1990年民勤盆地浅层地下水矿化度南部增加了0.5～1.8g/L，北部增加了0.4～5.6g/L，地下水的枯竭和高矿化直接造成了土地的沙漠化和盐碱化。

第四节　沙尘暴肆虐

沙尘暴是一种自然灾害现象，国外如美国大陆在1934年5月11日也曾发生严重的沙尘暴危害。我国西北内陆河地区因其干旱、少雨、多大风、多沙漠，沙尘暴危害自古有之。到了20世纪后半叶，由于河流危机、土地荒漠化，导致沙尘暴危害加剧，不仅危及当地，而且波及大半个中国。

一、沙尘暴及其危害

（一）50年来我国沙尘暴变化趋势

20世纪下半叶我国的强沙尘暴呈急速上升趋势：50年代共发生过5次，60年代8次，70年代13次，80年代14次，90年代多达23次。

1979年，塔里木盆地在4～6月间先后刮了3场沙尘暴，其中的一次，仅尉犁县3天之内平均每平方公里降尘25 600t。1983年，新疆石河子垦区遭受沙尘暴袭击，25万亩农作物受灾，直接经济损失300多万元。1986年5月，一场10级大风席卷和田，农作物受灾20万亩，直接经济损失5 000多万元。1993年5月，发生在西北地区的一场强沙尘暴，造成12万头牲畜死亡丢失，505万亩农作物受灾，380人死亡，直接经济损失5.4亿元。1995年5月15日，甘肃省一场特大沙尘暴使降尘量高达1 243.1万t，相当于省内最大水泥厂15年的产量。1998年4月，西北12个地、州遭受沙尘暴袭击，156万人和46.1万亩农作物受灾，11.09万头牲畜死亡，直接经济损失8亿元[3.17]。

我国沙尘暴频起与荒漠化扩展的步伐是一致的，据调查统计，20世纪50～60年代，沙化土地每年扩展1 560km²。70～80年代，沙化土地每年扩展2 100km²。90年代，沙化土地每年扩展2 460km²[3.18]。沙尘暴就是土地荒漠化的警报，而沙尘暴发生的频率与强度的增大，则是敲响了生态危机的警钟。

（二）沙尘暴的危害

据不完全统计，近十几年间，阿拉善高原每年发生扬沙、沙尘暴（风速>20m/s，能见度<200m）达20次以上。其间，有的扬沙、沙尘暴天气仅限于局部范围，持续时间较短（数个小时），有的则是跨越多个省区，危害广大范围，持续时间可长达数天。特别是近几年强沙尘暴天气，影响我国西北、华北、华东大部分地区，京津地区更为明显，不仅对这些地区生态环境造成了直接危害，而且在经济上也

造成了巨大损失。

1998年4月的一天，来自西北和内蒙古地区的沙尘在高空西北气流的引导下，向东南方向扩散，使华北中部到长江中下游以北大部分地区先后出现了浮尘天气。随后，到达江汉平原和江南中东部的浮尘使武汉、南京、上海、杭州的天空呈现土黄色。这场浩荡的"移沙"运动使更多国人对来自大西北的沙尘暴有了切肤之感。

1996年沙尘暴袭掠河西走廊，黑风骤起，沙尘弥漫，树木轰然倒下，人们呼吸困难。2002年3月20日，形成于内蒙古阿拉善沙漠的沙尘暴袭击北京，时间持续长达51小时，在北京的总降尘量高达3万t，相当于人均2kg。这是20世纪90年代以来范围最大、强度最强、影响最严重、持续时间最长的沙尘天气过程，先后袭击了我国北方140多万km²的大地，影响人口达1.3亿人，波及的范围达大半个中国[3.19]。沙尘暴已成为我国新世纪面临的严重环境问题之一。

二、沙尘暴成因及影响范围

关于我国沙尘暴起因，中国工程院以石玉林院士为首的课题组在《西北地区土地荒漠化与水土资源利用研究》中进行了论述，其中涉及西北内陆河地区内容如下：

沙尘天气发生一般要具有3个条件：丰富的沙尘源、大风、大气垂直不稳定。有沙源不一定起沙，但无沙源一定不起沙。西北内陆河地区深居欧亚大陆腹地，广布开阔平坦的沙漠、戈壁和荒漠草原，是东亚北方干燥寒冷季风南下的必经之地，来自蒙古及西伯利亚高压区的强大干燥冷气流可以长驱直入，成为沙尘暴形成的动力因素。

影响我国沙尘天气的潜在沙尘源分为境外源地和境内源地。我国西北地区广布的沙漠、戈壁、沙地及其边缘退化的草原区是我国沙尘暴发生的主要境内潜在沙尘源地。其中主要包括位于西北内陆河地区以及与其紧邻的乌兰布和、腾格里、巴丹吉林、河西走廊、柴达木、库姆塔格、古尔班通古特和塔克拉玛干8大著名沙漠区。西北内陆河地区的沙漠戈壁和退化的荒漠草原已成为我国沙尘暴潜在的主要境内沙尘源区。

额济纳旗东居延海沙尘暴　　额济纳旗水务局供

从沙尘暴产生和消失的时间与输送范围考虑，可以分为局地生消型和输送型两类。局地形成的沙尘暴，一旦遇到比较强大的天气系统过境，就可以形成远距离输送的沙尘暴天气，造成大范围的影响。自我国西北入境或形成于我国西北内陆地区的沙尘暴，常常随天气系统东移形成远距离输送，影响到华北和长江中下游地区，甚至可以影响到东亚近邻国家和地区。西北内陆河地区的新疆哈密地区、内蒙古额济纳旗和阿拉善地区，以及河西地区正是输送型沙尘暴的重要境内沙源地[3.20]。

阿拉善高原分布着腾格里、乌兰布和、巴丹吉林三大沙漠和浩翰的戈壁，是形成北方扬沙、沙尘暴主要源区之一。受人类活动影响，每年3～6月份内陆河流上中游灌溉高峰期，下游河道断流，正好与沙尘暴多发时段相吻合，且近50年来随中下游水量的不断减少，沙尘暴发生频率不断增大，反映了西北内陆河的开发与沙尘暴灾害发生的密切相关性。2000年5月12日中央电视台"新闻调查"栏目关于《沙起额济纳》的专题调查，从自然现象、社会反映、专家分析等各个层面论述了我国西北内陆河生态危机与沙尘暴肆虐的密切关系。

在新疆，部分专家提出了保护天山北麓艾比湖湿地的重要性，有关专家认为：湖区位于且紧邻阿拉山口以下，这是个西北风强劲的风口。湖区土壤母质因富含镁盐而颗粒极细，一旦裸露干缩，将为沙尘暴提供丰富沙源——且是极细颗粒的盐尘。阿拉山口西来之风，传统路径是精河、奎屯、石河子、乌鲁木齐、吐鲁番、哈密等城市，刚好是天山北麓城市经济带。阿拉山口西来之风携以艾比湖底之沙，必将对天山北麓城市群的空气质量造成严重危害。

第五节 生态难民

随着河流的萎缩，临近沙漠居住的人们，由于水源枯竭，绿洲不再，只能背井离乡他处求生，而留下一片残垣断壁的凄凉景象。此种情形古已有之，而今日再现则发人深省。

一、楼兰古国的衰亡

历史上，塔里木盆地中部依托河流绿洲曾经建立了36个繁荣的城邦国家，史称"西域三十六国"，其中最负盛名的莫过于楼兰。楼兰国始建于公元前176年，消亡于公元542年。范围东起古阳关附近，西至尼雅古城，南至阿尔金山，北到哈密。楼兰城是楼兰国前期重要的政治经济中心，域外文明尤其是汉文明传入楼兰加速了楼兰城市文明的发展，成为古代西部对外开放最繁华的商城。楼兰城作为亚洲腹地的交通枢纽，在丝绸古道上盛极一时，在东西方文化交流中，曾起过重要作用。

楼兰兴盛的时候塔里木河在今尉犁县境汇流开都河后沿孔雀河自西向东注入罗布泊。楼兰的城池、寺院和村落便分布在孔雀河下游及罗布泊湖畔。后来，由于塔里木河下游改道，孔雀河接近断流，罗布泊枯竭，直接造成楼兰古城因水源断绝而城废，并进而导致楼兰古国的彻底衰亡。

二、风沙掩埋黑水城

　　黑水城位于额济纳河下游的巴丹吉林沙漠边缘地带，因旁边有黑水河流过，所以取名黑水城。始建于公元11世纪初，是历史上西夏王朝和元朝的军事重镇，前后沿用时间达340余年。元代时又称"亦集乃路"、"哈拉浩特"，仍为黑水城或黑城之意。

　　在西夏建国以前，黑水城一带就已有大量居民，在这里耕耘牧猎、繁衍生息。西夏建国后，为了加强这一地区的管理，以防东面辽国和漠北蒙古的侵入，西夏王朝曾先后调集两个统军司来驻守黑水城及整个居延地区，并将大批人口迁到黑水城一带定居，让他们在当地屯垦造田、生产粮食，以满足大批军民的生活需要。到西夏鼎盛时期，黑水城已不再是一座单纯的军事城堡，逐渐变成一座经济、文化较为发达的繁荣城市。当时的黑水城内，官署、民居、店铺、驿站、佛教寺院以及印制佛经、制作工具的各种作坊布满了城区，一派繁荣昌盛景象，这种情形持续了近200年之久。

　　元朝建立后，黑水城依然沿用，而且受到元朝统治者的重视。

沙漠湮没黑水城　侯全亮　摄

当时这一地区划归甘肃行省，称"亦集乃路"（亦集乃是党项语黑水的汉语译音）。由于黑水城是漠北通往内地的重要交通枢纽，元朝统治者不仅派遣了大量军队驻防，还从各地迁来许多汉族和蒙古族人，来这里与当地人共同发展农牧业生产。当时，各族人民利用额济纳河的水资源开渠造田，经过数十年的开发经营，先后屯田近万亩。由于经济的发展和人口的不断增加，原来的黑水城已不能满足需要。于是在原有城池的基础上，对城市进行了扩建改造，增加了城区面积并加强了城市的防御能力。扩建后的黑水城，不仅城内十分繁荣，而且在城外也有百姓集中的居民区和繁华热闹的街市，居住人口达七八千人之多。元朝时期的黑水城，不仅是一座人口众多，经济发达的繁荣城市，而且还是当时北走岭北、西抵新疆、南通河西、东往银川的交通要冲和元朝西部地区的军事、政治、文化中心。

元朝末年，明朝开国大将冯胜统率的军队攻打黑水城。由于城池坚固，久攻不克，于是明军用沙袋堵塞了流经黑水城的额济纳河，使其改道，断绝了城中的水源，方能破城。从那场战争后，由于黑河水再未回归故道，终致黑水城被废弃，全城百姓避走他乡。后来古城逐渐被沙漠所包围，而今已是沙埋城下，每到风季，常常是狂风呼号，流沙飞扬，黄尘漫天，不见日月，给人以神秘恐惧之感。

三、青土湖邻近地区人口外流

民勤县是一个被巴丹吉林和腾格里沙漠三面包围的农业县，有人口30万人，极度干旱，严重缺水。随着石羊河的萎缩，上中游来水减少，当地地下水因超采而水位下降，造成民勤县生态环境严重恶化，沙漠边缘部分原住民因沙漠扩张而失去世代安居的家园。

北部已沙化的青土湖区成了沙漠大举南侵绿洲的通道，连年沙进人退。据民勤县调查统计，青土湖邻近地区近10年来自然外流人口达6 489户、26 453人，44万亩农田中一半以上因缺水和沙害弃耕。许多人不得不背井离乡，成为"生态难民"[3.21]。目前人口外流趋势仍在继续加剧，特别是处于风沙沿线和地下无淡水的村社，人口大部分外流。

四、居延海畔的牧民失去家园

历史上水肥草美，森林茂密的额济纳绿洲，曾经是以土尔扈特蒙古族为主体的多民族聚居的乐园。20世纪后半叶，随着黑河的萎缩，东、西居延海干涸，额济纳旗黑河河岸及滨湖绿洲萎缩三分之二，达4 256km²，其中460km²已经成为沙漠戈壁。

生态环境的恶化，使许多地方已失去人畜生存的基本条件，被逼无奈，当地牧民只好举家迁徙，当年人稠畜旺的居延海滨湖绿洲到20世纪末已经渺无人烟。据当地统计，额济纳旗多年间居住人口不增反降，人口外流是其重要原因。

民勤县生态难民废弃的村庄　甘肃省水利厅供

五、塔里木河下游的搬迁

在过去的数十年间，因塔里木河生态调节功能明显减弱，下游60%天然荒漠胡杨林和40%的灌木林因缺水枯萎衰败，400多万亩草场退化。失去了植被保护，土地便迅速沙化，下游塔克拉玛干沙漠和库姆塔格沙漠在绿色消失之处开始合拢，生活在下游的数十万各族群众面临着被风沙逐出家园的困境。在尉犁县和若羌县交界处的一个村庄，因为缺水和沙害，村里的20多户牧民多数早在十多年前就已举家搬迁，如今几十间土房已人去屋空，残垣断壁和村中小路上厚厚黄沙显示着生态灾难造成的凄凉景象[3.22]。

六、柴达木盆地的人口大迁徙

据统计，20世纪后半叶，在政府引导下，迁入柴达木盆地的人口超过70万人，迁出57.4万人。迁出的人口中，绝大部分是农业垦荒者。他们之中，虽然不会都是弱者，也不会都成为难民，但其中孤弱无助者不乏困难潦倒之人。人们迁出的原因尽管各有不同，但是因为自然环境恶劣、绿洲破坏而无法继续留住确是重要原因之一。

第四章

人类活动惯性的严峻挑战

在西北内陆河地区，人类对于河流的过度开发已经持续了50～80年。今天，当坚持科学发展观，实现人与自然和谐相处成为治国方针并据此对过度开发进行"刹车"的时候，却发现由历史积淀形成的人类活动强大的惯性力量客观上造成诸多困难。主要表现在已经高度膨胀的人口数量仍将依生育规律的惯性而继续增长；已经紧缺的生产生活用水仍将依经济社会的发展和规模扩大的惯性而导致用水需求的进一步增长；已经不适应水资源紧缺与水环境恶化形势的经济社会及用水结构的合理调整尚需时日，任重道远。因此，可以预计，在西北内陆河地区，通过经济社会发展的自律行为，实现人与河流的和谐相处将充满严峻挑战。

第一节 人口惯性增长的压力

西北内陆河地区人口压力已经使资源环境难以承受，但是人口高峰仍未到来并将继续增长，即使一对夫妇只生一个孩子，人口也将持续增长若干年，这是一个严酷的现实。

一、人口构成与分布

2000年西北内陆河地区总人口2 041万人，其中城镇人口705万人，城镇化水平34.5%，低于全国平均水平1.7个百分点。从性别结构上看，男性稍多于女性，占总人口的51.8%，女性占总人口的48.2%。从年龄结构上看，0～14岁占总人口的27.3%，15～64岁占总人口的68.0%，65岁以上占总人口的4.7%（见图4-1）。

西北内陆河地区自古就是一个多民族聚居的地区，至今已有40多个民族生活在这一地区。其中维吾尔族、汉族、哈萨克族、回族、柯尔克孜族、蒙古族、锡伯族、俄罗斯族、乌兹别克族、塔吉克族、塔塔尔族、满族、达斡尔族等18个聚居民族人口较多，其他民族呈散居且人数较少，但各少数民族都较好地保留着本民族的风俗习惯。2000

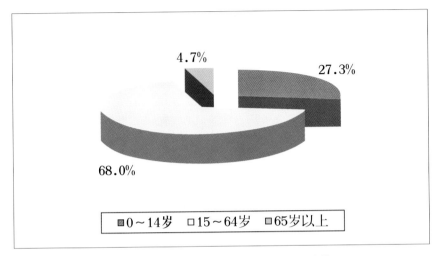

图4-1　西北内陆河地区2000年人口年龄结构图

年汉族人口占总人口的52%左右，少数民族占总人口的48%左右。

西北内陆河地区地域广大，但由于干旱、荒漠、高海拔等自然因素，大部分地区不适合人类聚居，所以，人口高度集约化地聚集在河流绿洲地区。以新疆为例，90%的人口集中分布在适宜人口居住的7.07万km²绿洲上，绿洲人口密度高达259人/km²以上，远远高于全国132人/km²平均人口密度，同时也高于中部地区154人/km²人口密度，接近我国东部地区374人/km²的人口密度。再如，甘肃内陆河区平均人口密度22人/km²，其中适合人类聚居的河西走廊绿洲地区人口密度已经达到496人/km²，远远超过了东部地区的平均人口密度[4.1]。

二、人口增长预测

随着计划生育政策的全面贯彻落实，西北内陆河地区一方面人口规模在惯性增长，另一方面增长的速度较改革开放前有明显变缓。以新疆为例，总人口由1949年的433.3万人增长到1978年的1 233.0万人，年平均增长36.7‰。1978年到2000年，人口增至1 624.8万人，年均增长12.6‰。一方面增幅明显下降,同时仍高居于10‰以上[4.2]。

根据西北内陆河地区人口的年龄构成、民族构成及地域分布，人口在增长速度下降的过程中其规模将持续增长，2010年以后将进入新的人口生育高峰期，预计2030年以后人口规模将达到顶峰，然后平稳缓慢回落。由于人口、资源空间分布的不均匀，局部地区将可能产生机械增长。据有关部门预测，在计入流动人口的情况下，西北内陆河地区2000年、2010年、2020年、2030年总人口分别为2 160万人、2 430万人、2 632万人和2 774万人，各时段人口年均自然增长率分别为11.8‰、8.0‰、5.2‰（见图4-2）。

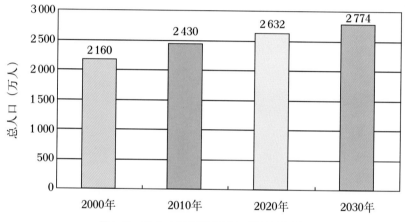

图4-2　西北内陆河地区人口增长预测图

三、人口增长与河流开发

　　在和平时期，人口数量的自然增殖繁衍具有很长的峰谷变化周期。20世纪50年代至70年代我国的人口失控，必将在其后数代人的历史进程中形成巨大的人口增长惯性而顽强地表现出来。已经因过度开发而危机四伏的西北内陆河，必须面对庞大的人口基数与无可奈何的增长趋势。抱怨历史并不能解决当前的困难，今天的选择只能是：其一，面对历史和现实，认真执行计划生育国策，控制人口增长。其二，保证该地区已有和将要到来的所有人口的用水安全。

　　以石羊河为例，2000年流域已达225万人，468万亩灌溉面积，全河仅有17.75亿m³水资源，人口集中的河流绿洲地区，其人口密度已与我国东部沿海地区相当，人口压力远远超过了河流及绿洲的允许承载能力。尽管如此，由于历史的原因，目前人口结构决定了生育高峰尚未到来，按照一对夫妇只生一个孩子，并考虑国家对当地少数民族适当放宽生育的优惠政策，人口仍将持续增长到2030年以后。据预测，石羊河流域2010年、2020年、2030年人口将分别较2000年增长14万人、25万人、36万人。就是说，尽管进行严格控制，30年间人口增幅仍达16.0%（见图4-3）[4.3]。石羊河流域大部分地区干旱指数高达10～20，2000年人均水资源量仅788m³，在西北内陆河流域处于最低水平。至2030年，按照预测增长后的人口规模计，人均水资源量将降至673m³，仅相当于2000年人均水平的85%。全流域资源性缺水形势将更严峻，保障供水安全与水环境良性发展必将面临更大的困难和挑战。

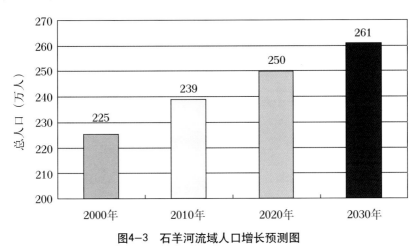

图4-3　石羊河流域人口增长预测图

第二节　经济持续发展的要求

西北内陆河地区经济社会发展相对落后，2000年国内生产总值（GDP）1 561亿元，人均7 648元，均低于我国东中部地区和全国平均水平。以新疆为例，2000年还有329万人生活在国家规定的贫困线以下，占总人口13.4%[4.2]。西北内陆河地区发展的滞后，直接构成了我国东中西部地域之间、民族之间、贫富之间的发展差距。加快这一地区经济社会的发展步伐，提高人民生活水平，是构建社会主义和谐社会的重要任务。历史要求西北内陆河地区具有较东中部更快的经济发展速度。但是，西北内陆河地区经济发展又受到诸多客观条件和历史因素的制约。主要表现在：其一，区位条件的局限。西北内陆河地区远离海洋和发达的东部市场，以及资本中心。其二，资源条件的局限。区内矿藏丰富而缺水，虽然具有发展能源、化工、冶金工业的原材料优势，但是这些原材料开发多属高耗水产业。其三，市场条件的局限。第三产业及许多高新节水的农业产品都需要市场的支撑，以色列通过农业高科技手段生产的疏菜和花卉是以世界上部分富贵阶层为对象的，而西北内陆河地区内部市场尚不发育，外部市场占有率不高。其四，劳动力素质的局限。相对于东中部地区，西部劳动力相对存在观念落后，文化程度与技能培训水平较低的局限。

2020年我国实现小康社会达到的发展目标是：人均国内生产总值（GDP）3 000美元（合人民币24 000元）、人均粮食400kg、人均用电量3 000kWh、城镇居民人均可支配收入18 000元、农村居民人均纯收入8 000元、城镇化率50%、城镇居民人均住房面积30m²。西北内陆河地区经济基础相对薄弱，2020年要达到或接近上述目标，面临诸多局限和挑战，任务艰巨，西北内陆河流的开发必将受到国民经济持续增长的压力。以黑河流域为例，若要达到2020年全国平均生活水平，2000～2020年间国内生产总值（GDP）平均年增幅必须保持在9%以上（见图4-4）。今天的人们，既要坚持科学发展观，走可持续发展的道路，又

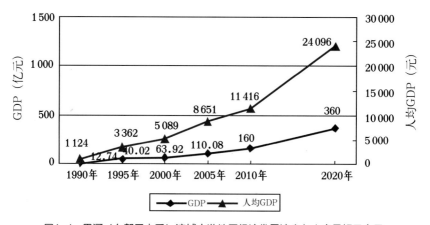

图4-4 黑河（东部子水系）流域中游地区经济发展速度与小康目标示意图

必须克服由历史和客观环境形成的各种困难条件和制约因素，从而保持较高的发展速度，其间困难，不一而足。

第三节　传统用水方式的延续

落后的传统用水方式对于水资源粗放式的开发利用，已远远不能适应西部地区水资源紧缺和生态环境恶化的严峻现实，必须改变。但是，在如此广大的地域对于人类历史上渐进形成并延续久远的传统用水方式进行变革，涉及基础设施改造与制度建设，观念更新与市场培育等诸多方面，无疑是一场牵动多方面利益调整的社会变革，任务艰巨。

一、现状用水存在问题

由于历史和现实的原因，西北内陆河地区水资源开发利用存在着诸多问题，集中表现在用水结构不合理和用水效率不高两个方面。

（一）用水结构不合理

人类生产生活用水过多，挤占了生态环境用水。按照联合国有关会议建议，河流水资源开发利用程度应以40%为限。考虑到我国西北内陆河缺水严重，国内有关部门和科学研究单位建议适当予以放宽。例如中国工程院有关课题研究认为西北干旱地区人类生产生活耗用水量应控制在总水资源量的50%以内。若引用水量中回归水按30%估计，则引用水量应控制在70%以内。20世纪50年代以来，随着人口增长、经济发展、盲目开发水资源，西北许多内陆河水资源开发利用程度都远远突破了安全界限。例如天山北麓诸河、黑河、石羊河流域2000年经济社会总用水量已分别占到流域水资源总量的84%、112%和159%。当年经济社会净耗水总量已分别占到流域水资源总量的59%、71%和114%，其中石羊河已大量动用了难以补充恢复的深层地下水净储量，造成严重影响[4.4]。

农业用水比重过大。2000年西北内陆河人类生活、工业、农业用水497亿m³，其中城乡生活与工业用水24亿m³，仅占4.8%，农业用水473亿m³，高达95.2%，用水结构很不合理。

（二）用水效率低

西北内陆河地区由于受到自然条件与经济社会发展水平的制约，水资源利用效率不高。2000年，西北内陆河地区人均用水量2 435m³，其中塔里木河流域人均用水量高达3 263m³，若与全国相比，为全国人均用水量的5～8倍。由于受到产业结构和工艺水平的双重影响，西北内陆河地区2000年单位国内生产总值(GDP)综合用水量高达 3 184m³/万元，相当于全国平均水平的5倍。以用水最多的农业部门为例，农业灌溉多属粗放型，用水定额偏大，2000年西北内陆河地区亩均灌水量729m³，吨粮用水量3 592m³，单方水产粮0.28kg，用水效率低下，农业产量不高。我国当前粮食作物综合平均水分生产率约为1.1kg/m³，山东桓台县作物水分生产率已提高到2.0kg/m³，北京南邵乡冬小麦水分生产率已达2.3～2.4kg/m³[4,5]。与这些先进地区和全国平均水平相比，西北内陆河地区农业用水效率存在较大差距。

二、传统用水方式变革任务艰巨

落后的传统用水方式已远远不能适应西北内陆河地区经济社会发展、水资源紧缺和生态环境恶化的形势要求，急需改变。但是，这场变革的任务是艰巨的，其间，经济社会产业结构需要调整，传统的资源开发与用水观念需要转变，大量的基础设施需要建设与改造，相关的法律法规、行政条例、行业规约、民俗准则等管理"软件"需要制定与贯彻。

首先，需要教育民众，转变观念，善待河流，节约用水，依法治水。其二，建立水权秩序。包括初始水权的分配，建立和完善水权管理体制，调整水价和培育水权交易市场。其三，建设完善的水利工程基础设施，包括节水工程、骨干调蓄工程、水文测验及量水设施、生态环境监测及污水处理设施等。其四，加强制度建设。包括法制、行政及行业管理各个层面，以确保水资源的有序管理。其五，保证必要的投入，无论是工程类的"硬件"建设还是制度类的"软件"建设，均需要一定的资金投入作为保证。凡此种种，无疑是一场伟大的社会变革，繁难艰巨，任重道远。

第五章

维持西北内陆河健康生命
理念的确立

第一节　可持续发展战略与科学发展观

一、可持续发展战略的形成

20世纪40年代，随着第二次世界大战的结束，全球迎来了难得的长久和平发展时期。面对长期战乱所造成的严重破坏，世界各国首先把恢复和重建战后经济当做治国安邦的头等大事，不遗余力地追求经济发展的速度和规模。尤其是工业发达国家，以高投入、高消耗为发展的重要手段和途径，以高消费、高享受为发展的目标和推动力。这样的发展理念和发展模式，在一定时期内确实推动了经济社会的繁荣。先后数十年间，全球多数国家和地区经济发展，社会进步，人民生活改善，人类文明达到了历史上前所未有的水平。但是，由于忽视了资源和环境的保护，以致造成了人口、资源、环境与发展之间的不协调。就在人类一度取得辉煌成就的同时，世界大多数国家先后遇到

水资源过度利用导致咸海日渐干涸　David Turnley 摄

了空前的危机和巨大的挑战：人口膨胀、资源浪费、环境污染、生态破坏。当代人的发展已经威胁到了地球生态环境的安全并危及到当代人与后代人的生存空间。以河流为例，北美洲的科罗拉多河、欧洲的莱茵河、非洲的尼罗河、亚洲的印度河等河流因过度开发与严重污染而危机频发，部分失去了宝贵的水资源与水环境功能，向人们发出了严重警告。

当人们面对资源消耗与废弃物的排放超出地球再生能力和自我净化能力的征兆日益明显的情况下，20世纪70年代，围绕着"环境危机"和"石油危机"，国际上暴发了关于"增长的极限"及"停止增长还是继续发展"的争论。通过认真的反思和总结经验教训，人类社会终于认识到必须善待地球家园，节约资源，保护生态与环境，从而使发展的可持续问题被提上议事日程并成为世界关注的重大战略问题。

可持续发展是20世纪80年代提出的一个新的发展观，可以说是20世纪发展观演变中最具重大意义且影响深远的理论贡献。联合国指定的世界环境与发展委员会经过长期研究，于1987年发布了长篇报告《我们共同的未来》，首次提出了"可持续发展"的理论观点及概念："既满足当代人的需要，又不危及后代人满足其需求的发展"。1989年5月举行的第15届联合国环境署理事会期间，经过反复磋商，通过了《关于可持续发展的声明》。1992年6月，联合国环境与发展大会在巴西里约热内卢召开，会议通过的《21世纪议程》，倡议世界各国坚持走可持续发展的道路，结合本国国情制定各自的可持续发展战略，成为第一个可持续发展的全球行动计划。该文件着重阐明了人类关于环境保护与可持续发展应做出的选择和行动方案，描述了21世纪的行动蓝图，涉及与地球及人类社会持续发展有关的所有领域。2002年8月，联合国在南非约翰内斯堡召开可持续发展世界首脑会议，再次审议了全球过去10年在可持续发展方面所走过的道路，明确提出可持续发展的核心是资源的合理利用和环境的保护与改善。10多年来，国际社会在实现可持续发展方面作出了不懈努力，取得了长足进步。据联合国统计，全世界有80多个国家和地区把《21世纪议程》的内容纳入国家和地区发展规划，有6 000多个城镇制定了自己的《21世纪议

治理后的莱茵河 宋亮 摄

程》，作为长远发展的指导纲领，有165个国家签署了《联合国气候变化框架公约》。另外，还有《京都议定书》、《联合国生物多样化公约》、《联合国防治沙漠化公约》等文件的通过与签订，都具有重要意义。从以上行动可以看出，从追求经济社会的无限增长到理性地选择可持续发展，标志着人类发展理念的重大调整和转变。

二、中国坚持可持续发展战略

我国在20世纪50年代初确立并强制推行了"赶超"的工业化发展战略，这一发展战略为我们在极度落后的生产力基础上迅速奠定工业化基础，建立比较完整的工业体系和国民经济体系，增强综合国力，发挥了巨大的作用。半个世纪以来，中国以不到世界7%的耕地养活了占世界22%的人口，辉煌成就，举世瞩目。其间，生产力空前解放，经济社会繁荣昌盛，人民生活得到改善。然而，由于这种发展战略，一味追求高产值，不注意经济效益，忽视合理布局，建成的大小工农业基础项目，不重视资源的节约利用和生态环境的有效保护，导致了资源的大量浪费和严重的生态破坏与环境污染。以致西方发达国家工业化后期所遇到的资源、环境问题，在我国工业化初期就出现了。

　　面对发展中出现的人口、资源、环境等突出问题和严峻挑战，自1992年始，中国政府对于联合国倡导的可持续发展战略给予了认真的研究和积极的回应。其间，国务院组织数十个政府部门和单位，编制了《中国21世纪议程》，对于新世纪我国实施可持续发展战略提出了方向性指导意见。1994年3月，国务院常务会议讨论通过了《中国21世纪议程》。1996年中共中央总书记、国家主席江泽民向全党全国提出要求："在社会主义现代化建设中，必须把贯彻实施可持续发展战略始终作为一件大事来抓。可持续发展的思想最早源于环境保护，现在已成为世界许多国家指导经济社会发展的总体战略。经济发展必须与人口、资源、环境统筹考虑，不仅要安排好当前的发展，还要为子孙后代着想，为未来的发展创造更好的条件，决不能走浪费资源和先污染后治理的路子，更不能吃祖宗饭、断子孙路。"[5.1]他进而强调："从我国实际出发，在实施可持续发展战略中，我们要努力做好以下几方面的工作：一是坚持节水、节地、节能、节材、节粮以及节约其他各种资源，农业要高产、优质、高效、低耗，工业要讲质量、讲低耗、讲效益，第三产业与第一、第二产业要协调发展；二是继续控制人口增长，全面提高人口素质；三是消费结构要合理，消费方式要有利于环境和资源保护，决不能搞脱离生产力发展水平、浪费资源的高消费；四是加强环境保护的宣传教育，增强干部群众自觉保护生态环境的意识；五是坚决遏制和扭转一些地方资源受到破坏、生态环境恶化的趋势。"[5.1]1996年3月第八届全国人民代表大会第四次会议批准的《国民经济和社会发展"九五"计划和2010年远景目标纲要》，把可持续发展作为一条重要的指导方针和战略目标，并明确作出了中国今后在经济社会发展中实施可持续发展战略的重大决策。2002年，中国政府向可持续发展世界首脑会议提交了《中华人民共和国可持续发展国家报告》。该报告指出自1992年联合国环境与发展大会以来，中国积极有效地实施了可持续发展战略，在中国可持续发展的各个领域取得了突出的成就。特别是在经济、社会全面发展和人民生活水平不断提高的同时，人口过快增长的势头得到了控制，自然资源管理和生态环境保护得到加强，生态建设步伐加快，部分城市和地区环境质量有所改善。

三、科学发展观

进入21世纪，中国的社会主义建设事业面临着新的机遇和挑战：一方面，国际社会和平与发展的大环境，中国20多年改革开放所取得的累累硕果，以及可持续发展战略的初步实施，为国家积累了一定的发展实力并保持着强劲的发展势头。另一方面，面对仍在增长的人口总量、快速增长而又仍然落后的国民经济、人民生活的总体改善与日益紧缺的自然资源和依然呈现恶化趋势的生态环境，又使我国的社会主义建设事业面临着严峻挑战。在新的形势和困难面前，以胡锦涛为总书记的中共中央审时度势，提出了以人为本，树立全面、协调、可持续的科学发展观，以及构建社会主义和谐社会的发展目标，充分体现了全党全民族的意志和愿望。

2004年3月10日，中共中央总书记、国家主席胡锦涛在中央人口资源环境工作座谈会上讲道："坚持以人为本，就是要以实现人的全面发展为目标，从人民群众的根本利益出发谋发展、促发展，不断满足人民群众日益增长的物质文化需要，切实保障人民群众的经济、政治和文化权益，让发展的成果惠及全体人民。全面发展，就是要以经济建设为中心，全面推进经济、政治、文化建设，实现经济发展和社会全面进步。协调发展，就是要统筹城乡发展、统筹区域发展、统筹经济社会发展、统筹人与自然和谐发展、统筹国内发展和对外开放，推进生产力和生产关系、经济基础和上层建筑相协调，推进经济、政治、文化建设的各个环节、各个方面相协调。可持续发展，就是要促进人与自然的和谐，实现经济发展和人口、资源、环境相协调，坚持走生产发展、生活富裕、生态良好的文明发展道路，保证一代接一代地永续发展。"[5.2]

坚持以人为本，全面、协调、可持续的发展观，是中国共产党以邓小平理论和"三个代表"重要思想为指导，从21世纪新阶段党和国家事业发展全局出发提出的重大战略思想。它集中反映了社会主义建设的内在规律，创造性地回答了什么是发展、为什么发展和怎样发展的重大问题，是我们党对社会主义市场经济条件下经济社会发展规律在认识上的深化和升华，进一步丰富发展了中国特色社会主义理论，是指导中国建设和发展的长期战略方针。

第二节　人与自然和谐相处与可持续发展水利

一、人与自然和谐相处

　　坚持科学发展观，构建社会主义和谐社会，是中国共产党带领中国人民所进行的一项伟大的社会变革与实践。其中，建设资源节约型、环境友好型社会，实现人与自然和谐相处是其重要内容。国务院总理温家宝在2005年3月向十届全国人大三次会议作的《政府工作报告》中提出"民主法治、公平正义、团结友爱、充满活力、安定有序、人与自然和谐相处"作为构建社会主义和谐社会的基本要求。其中强调"我们的目标是让人民喝上干净的水，呼吸清新的空气，有更美好舒适的工作环境和生活环境"，寓意深刻。就是说，坚持科学发展观，建设社会主义和谐社会，既要求人与人之间、人与社会之间相和谐，又要求人与自然相和谐。人类如果不能与赖以生存的大自然和谐相处，也就无法永久获取各种自然资源并享有良好的生存发展空间，可持续发展就难以实现。进而反馈影响到人与人之间、人与社会之间也将因争夺有限资源和生存空间而产生矛盾和冲突，经济社会的全面发展和协调发展也就无法实现。所以说，建设资源节约型、环境友好型社会，实现人与自然和谐相处是坚持科学发展观，构建社会主义和谐社会的必要条件和重要内容。

　　人类是地球上具有最高智慧和创造力量的高级生物，在其生存和发展的进程中必然要与地球万物产生种种相互影响。除动物和植物外，受其影响的还包括陆地与海洋、空气与阳光、高山与河流、森林与草原，乃至沙漠与戈壁。人类只有与自然和谐相处，才能获得良好的生存环境，而这正是建设人类美好家园、构建和谐社会的重要内容。人类与自然界的关系，犹如人与人之间一样，需要相互关爱、相互包容、相互尊重对方的生存权利和生存空间，否则就会发生冲突和碰撞。人际间不和谐会发生争斗乃至战争，人与自然不和谐就会导致资源枯竭、生态环境恶化，以及由此引发的一系列灾难。例如空气污染会导致酸雨并引发人的呼吸道疾病，河流干涸会带来沙漠扩张并进而导致沙尘暴频频肆虐。在人类社会漫长的文明发展史中，人与自然的关系历经了由被动到主动，进而更理性的变化过程，从"靠天吃饭"到"人定胜天"，再到"人与自然和谐相处"，代表着人类在处理与自然关系中不同阶段的理念。人与自然和谐相处理念的核心内容之一是保护地球生态环境，使其得以持续地良性发展，不仅为当代人，更要为后代人提供良好的生存发展空间。所以，人与自然和谐相处理念的本质是要保持人类社会文明及其赖以生存的地球生态环境的永续发展。这一认知的确立，表明人类生态意识的唤醒和认识的升华，是人类社会文明的伟大进步。

二、可持续发展水利

水资源是基础性的自然资源和战略性的经济资源，是生态与环境的控制性要素。人与水的关系是人与自然关系中最密切的关系之一，处理好人与水资源及水环境的协调关系，对于建设资源节约型、环境友好型社会，实现人与自然和谐相处具有突出的重要意义。水利作为国民经济和社会发展的重要基础设施，在坚持科学发展观，构建社会主义和谐社会的进程中，肩负着十分重要的责任。

1998年以来，在中央水利工作方针指导下，以汪恕诚为代表的水利部根据经济社会发展需要和水利工作实际，在实践中逐步形成了"从传统水利向现代水利转变，以水资源的可持续利用支持经济社会可持续发展"的现代治水思路——可持续发展水利思路[3.6]。该思路综合考虑水资源自然规律和人类活动需求，提出要从向大自然无节制地索取转变为按照自然规律办事，在防止水对人类伤害的同时，注意防止人类对水的侵害，努力实现人与自然和谐相处。可持续发展水利正是以人与自然和谐相处作为其本质特征，或以其作为破解中国水问题的核心理念，要求协调好水资源开发、利用、治理、配置、节约和保护，强调统筹兼顾，转变用水观念，创新发展模式。对生态环境用水给予了高度重视，十分注意防止水资源枯竭对生态环境造成的破坏。同时，对已形成严重生态问题的河湖，主张采取综合措施予以保护、恢复和改善。基于此，可持续发展水利思路旗帜鲜明地指出，在发展水利满足经济社会需求的同时，要转变水利发展模式以推动经济增长方式的转变。可持续发展水利思路的提出，彻底改变了过去以兴建水利工程为中心的传统水利发展模式，对我国新时期的治水实践产生了巨大影响[5.3]。

近年来，在可持续发展水利思路指导下，各流域、各地区针对所面临的主要矛盾，积极探索，努力实践，取得了明显成效[3.6]：

长江干流、洞庭湖、鄱阳湖退田还湖、利民建镇恢复水面2 900km²，这是我国历史上自唐宋以来第一次从围湖造田、与水争地，自觉主动地转变为大规模的退田还湖；

把节水型社会作为解决干旱缺水问题最根本最有效的战略措施，全面推进节水型社会建设，甘肃张掖、四川绵阳、辽宁大连和天津市先后作为节水型社会建设试点，取得了可喜的成绩，在此基础上全国又新增30个节水型社会建设试点，全社会的节水意识进一步提高；

小浪底水库调水调沙　刘凤翔 摄

补水后的扎龙湿地　许江 摄

充分发挥大自然的自我修复能力，封育保护和综合治理相结合，改善水土流失区的生活生产条件和生态环境，减少进入河流的泥沙；

实施了黄河、黑河、塔里木河水资源统一管理，结束了黄河连续数十年的断流困境，实现了居延海和台特玛湖连年进水而碧波荡漾，枯死的胡杨林重新焕发生机；实施了向南四湖、扎龙、向海、白洋淀等湖泊或湿地应急补水，保护和修复生态系统；同时开展了"引江济太"，改善了太湖水质。

实践证明，可持续发展思路在我国水利发展的历史上占有极其重要的地位，必将对我国未来水利发展产生长期和深远的积极影响。

第三节　维持河流健康生命——黄河宣言

2005年10月，以"维持河流健康生命"为主题的第二届黄河国际论坛在郑州召开。由于主题鲜明并受到全球水利业界积极响应，第二届黄河国际论坛迎来了全球60多个国家和地区以及20多个国际组织的800多位专家学者的踊跃参加。全球水伙伴、国际气候及水联合组织、联合国教科文组织国际水管理学院、粮食和水挑战计划、世界水理事会、世界气象组织等国际著名机构相继参与进来。论坛的协办单位从亚洲开发银行、欧盟驻中国代表处、荷兰驻华使馆、美国农业部到国家自然科学基金委员会、中国国际经济技术交流中心、清华大学等，共达17家之多。

　　大会收到论文400多篇，会议期间，各国专家积极交流研究成果。黄河水利委员会主任李国英作了《维持河流健康生命—以黄河为例》的主旨报告，阐释了河流生命的概念与河流治理的终极目标、维持黄河健康生命的研究内容及其行动与效果。莱茵河保护国际委员会秘书长Henk　Sterk发表了《维持莱茵河健康生命的实践》报告，多瑙河、尼罗河、湄公河、墨累—达令河等国际著名河流管理机构的代表在论坛上交流了这方面的经验。澳大利亚、瑞士、孟加拉国、苏丹等国的专家从生态系统、水资源保护的角度阐发各自对维护本国河流健康生命的认识与探索。与会代表一致认为，"维持河流健康生命"的提出，是人类治河理念的重要觉醒与升华，代表了人类社会根本利益，意义深远，势在必行。

　　为了表达"维持河流健康生命"的愿望和责任，参加第二届黄河

第二届黄河国际论坛会场（2005）[5.4]

国际论坛的专家学者及国际组织和机构经过充分酝酿，形成高度共识，在会议期间形成并发表了《维持河流健康生命——黄河宣言》[5.4]。全文如下：

水是万种生物之本源。河流是母亲，是哺育人类文明和繁茂生灵万物的天然母体。

当今人类经济社会发展已进入一个全新的历史时期，而河流与水却面临着前所未有的危机挑战。

我们有责任有义务行动起来，以理智、果敢和坚韧的信心，来维持母亲河的健康生命……

公元2005年10月17日至21日，我们来自60多个国家和地区的专家学者以及20多个国际组织的代表，从世界各地汇聚中国郑州，出席第二届黄河国际论坛。面对当今河流空前的忧患，我们就河流健康的内涵以及维持河流健康生命的重大意义、恢复河流生态的途径与目标等问题进行了全面交流和深入探讨，对人类与河流的和谐相处有了更加深刻的认识，对许多重大问题达成了广泛的共识。为此，特共同发表《维持河流健康生命—黄河宣言》如下：

河流是地球上最为古老、最为生动、最富有创造力的生命纽带。

她越高原、辟峡谷、造平川，自远古一路走来，不仅形成流域两岸丰富多姿的地形地貌和生物种群，而且哺育、滋养、繁衍了我们人类以及人类伟大的文明。

河流是有生命的。在这个川流不息、循环往复的生命系统中，通过蒸发、降水、输送、下渗、径流等环节，水能进行多次交换、转移和更新，构建或孕育出更多的形态、更多的物种，形成瑰丽壮观、无与伦比的地球景观。因为有了河流的生命及其丰富多彩，才有了人类生命的衍生和繁茂。

人与河流唇齿相依，休戚与共。

然而，由于人类活动等因素的巨大影响，在当今，全世界范围内许多河流都正面临空前的危机：河源衰退，尾闾消失，河槽淤塞，河床萎缩，河道断流，水体污染等等，由此致使依赖河流动力的周边生态系统产生紊乱乃至崩溃！全球各民族的文明延续亦遭受沉重的质疑和巨大的挑战!

面对上述严峻的现实，人们不禁忧心忡忡，难道当今人类不仅在享用祖先的遗产，而且还要透支后代的财富吗?

维持河流健康生命，是人类在自然界中的警醒和回归，更是人类社会可持续发展的必然要求。

基于这种认识——

我们有责任与义务：践行和谐社会的理念，推动人与自然和谐相处的进程，维护河流应有的尊严与权利，保持河流自身的完整性、多样性和清洁性，使其在地球上健康流淌。

我们有责任与义务：动员社会各界力量，研究河流健康生命的理论，探讨人水和谐关系，建立人与自然的伦理观念，通过立法和广泛宣传，使人们像珍惜自身生命一样珍惜河流生命，自觉保护河流健康。

我们有责任与义务：作为河流的代言人，正视以往对河流的伤害，以科学发展观统领全局，系统编制流域经济社会发展综合规划，压缩超出水资源承载能力的发展指标，强力推动调整产业结构，加快建立节水型社会的步伐。

我们有责任与义务：为河流提供充足条件，提高河流自我调节和自我修复能力，达到与自然协调一致的目的。

我们有责任与义务：树立新型治河观念，强化对河流本体的维护和引导，在探索与实践中，以科技为先导，逐步恢复河流的健康面貌，使人、河流、生态达到协调一致的理想境界。

我们有责任与义务：更加珍视河流对人类文明的贡献，光大河流对人类文明的创造力，重塑流域内居民的相互认同，强化公众参与，推动社会文明的永续发展。

尊重河流。善待河流。保护河流。

愿与有志于维持河流健康生命的世界各国政府、组织、企业、社会各阶层一道积极行动起来，有力出力，有智献智，共同推动我们的事业。

愿河流之水生生不息，万古奔流。

第四节　维持西北内陆河健康生命的必然选择

　　西北内陆河地区降水异常稀少，与降水丰沛的湿润地区相比，人类生产生活供水与绿洲生态用水的绝大部分无法由当地降雨直接取得，更大程度上必须依赖远离人口稠密区的上游山区降水所形成的径流提供水源保障。在极度干旱与荒漠广布的大环境下，河流经过之地为绿洲，适合人类集约开发而聚居，无河流地区则为荒漠，人类无法生存和生活。所以，干旱的西北内陆地区，人类对于河流的依赖较之湿润、半湿润乃至半干旱地区更有过之而无不及。因此，维持西北内陆河健康生命，则成为这一地区经济社会可持续发展的必然选择。

　　不同的河流因其自然地理环境和社会人文环境不同，历史背景与现实状况不同而表现出千差万别的特殊性，维持河流健康生命也必须因河因地而异。西北内陆河既不同于我国南方丰水河流，也不同于我国黄河、海河、淮河等北方地区外流大河，维持其健康生命必须充分认识西北地区内陆河的特殊情况与突出问题。

一、干旱缺水荒漠化，问题集中，影响深远

　　西北内陆河因为气候干旱，降水稀少，径流不足，由此影响到流域内水土资源的空间分布。大部分西北内陆河产水于高中山区，为径流生成区；出山后海拔降低，土地平坦，光热资源丰富，河流沿岸成为人类聚居的绿洲经济带，用水集中，为径流利用区；下游进入荒漠腹地，内陆河归宿于尾闾湖泊洼地，为径流消失区，也是流域内生态环境最脆弱的地区，往往是沙漠瀚海，茫茫戈壁。西北内陆河所处的自然地理环境决定了水土资源条件的基本特点。

（一）干旱少雨，资源性缺水严重

　　西北内陆河地区是我国最干旱的地区，整体属于气候干旱和极干旱区。该区产水模数仅相当于我国北方干旱地区及黄河流域的三分之

一，资源性缺水是该地区基本特征之一。

（二）土地荒漠化，绿洲与荒漠依水源而消长

极度干旱地区，自然降雨无法使林草正常生长，只有得到径流补给的地方才能使林草繁茂生长而谓之绿洲，依水源补给形式又分为人工绿洲和天然绿洲。反之，在自然降雨足以使林草繁茂生长的地区，因为处处是"绿洲"，也就无所谓绿洲。所以，绿洲是极干旱地区由地表地下径流支撑的独特景观。西北内陆河中下游地区有水为绿洲，无水则荒漠，致使人工绿洲、天然绿洲、荒漠戈壁相邻相伴，依水源而消长。

如上所述，在国土资源开发及水土资源利用方面，西北内陆河地区最根本的问题是干旱缺水和土地荒漠化，二者又都与河流密切相关。与黄河相比较，因为这一地区地广人稀，西北内陆河洪水问题和泥沙问题不很普遍、不很突出。维持西北内陆河健康生命，核心是解决两个根本问题：其一，合理配置水资源。关键是保障水生态——河流湖泊和天然绿洲拥有必需的水资源。其二，防治荒漠化。约束人类活动，保护天然绿洲，防治土地沙化与沙漠扩张。从古到今，西北内陆河地区因其偏居内陆腹地，极度干旱少雨，乃致水短缺问题十分严重，其缺水历史之悠久，缺水地域之广阔，今日缺水问题之突出，以及因缺水而致严重影响之深远，均已到了问题突出，积重难返，甚至难以逆转的地步。所以，维持西北内陆河健康生命就显得尤为重要和紧迫，其影响所及，远远超出西北局部地域和水利行业一个领域。

二、河湖众多，广布分散，情况各异，反差巨大

在西北内陆诸河中，具有独立出山口和常流水的河流500余条，湖水面积大于$10km^2$的湖泊100多个。这些河湖水系各自分隔，自成体系，数量多，分布广，自然地理与经济社会环境各不相同，差异很大。

区内高温区最高气温超过40℃，低温区最低气温低于-40℃。高温区≥10℃年积温多在4 000℃以上，吐鲁番盆地最高可达5 454℃，低温区积温低，无霜期短，甚至常年积雪。山区降水高值区年降水量可

达600mm以上，干旱少雨的沙漠腹地年降水甚至不足20mm。

以较大的地貌单元与完整流域相比较，石羊河流域人口密度54人/km²，其中人口聚居的绿洲地区超过300人/km²，与我国东部沿海地区相当。柴达木盆地人口密度不足1.2人/km²，且主要集中在格尔木、德令哈等少数城镇，部分河湖地区无人居住。

如上所述，西北内陆河地区河湖众多，广布分散，情况各异，问题不同，维持该地区河流健康生命必须面对众多的河湖水系，针对每一条河流的不同情况和问题，分别制定目标、对策和措施。

第六章

维持西北内陆河健康生命的主要标志

第一节 西北内陆河健康生命的功能要求

从维持西北内陆河健康生命出发，应该将西北内陆河流开发利用与保护有机结合起来，妥善协调与平衡人类活动用水、河流生态用水、天然绿洲用水之间的关系。

鉴于历史和经济社会的原因，西北地区直到目前还比较普遍地存在着不顾水源条件，掠夺式开发水资源和用水效率不高，浪费严重的不合理现象，致使人类活动用水严重地挤占了河流自身用水和天然绿洲用水，并由此对大自然的生态系统产生了破坏，而且这种破坏和影响已经开始反作用于人类自身。无情的现实警醒和教育了人们，使人们认识到在其经济社会发展进程中必须约束自己，善待河流，善待自然。正如水利部原部长汪恕诚论述倡导的那样，人类经济社会发展要采用"C模式：自律式发展"（《中国水利报》2005年6月29日）。就是说，人类通过自律，自己约束自己，从而达到与自然和谐相处及可持续发展的目的。自觉地维持河流健康生命和全面建设节水型社会，就是人类的自律行为。面对当前人类需求膨胀，用水失控并危及生态环境的主要倾向，首先需要强调合理保障河流和天然绿洲的必要用水。维持西北内陆河健康生命主要应满足以下功能要求。

一、实现全河道过流

河流生命的核心是水，命脉在于流动。西北内陆河发源于高山源头，乘势而下，一路上汇溪纳流，渐成奔腾跌宕之势，出山后穿越平原，深入沙漠戈壁而归宿于尾闾湖泊洼地，形成完整的内陆河生命形态。西北内陆河以其间断与不间断的径流过程作为主要运动特征，进行着大量而丰富的物质生产和能量交换，标志着河流生命脉博的跳动，维系着河流水系的完整和沿河绿洲生态系统的良性发展。所以，实现全河道过流是西北内陆河保持正常的水循环功能从而维持健康生命的基本功能要求。由于近年来西北内陆河流缺水严重，进入下游及尾闾地区水量越

黑河下游额济纳河道过流　周长春 摄

来越少，某些河流数年甚至数十年无水进入尾闾地区，直接威胁河流生命安全。所以，维持西北内陆河健康生命，实现全河道过流乃当务之急。

二、维持河流绿洲一定规模，阻断沙漠连接

西北内陆河中下游地区，由于适于人类集约开发，从而依托河流水源而形成一定规模的中下游绿洲，绿洲规模常依河流水源多少而变化。在这一地区，绿洲靠河流而生存，河流也依托绿洲而保持其水系完整与稳定，以及河流生态系统的健康发展。所以，维护河流绿洲繁茂生长、物种繁衍、自我更新，并保持必要规模，是维持河流健康生命的主要标志之一。

早在地质年代，我国西北地区即已形成干旱化的气候环境，沙漠是这一地区地球环境的一个重要组成部分，并早于人类来到地球，而成为我国西北干旱地区重要的地貌景观。在人与河流和谐共处的年代，人与沙漠也是和谐共处的，沙漠和人类居住的绿洲相对稳定，相安无事。由山区奔腾而来的内陆河，其下游往往深入沙漠腹地，形成林草繁茂的沿河及滨湖绿洲，也形成了绿洲与沙漠相间分布的地貌格局。往往是河湖绿洲处于沙漠环抱之中，而沙漠又被河湖绿洲所阻断与分隔。与浩瀚沙漠相比，河湖绿洲虽然面积有限，但是阻断沙漠，营造

金色的胡杨　周长春 摄

良好生态环境，为人类提供生存发展空间的作用却是巨大的。后来，在干旱化的气候背景下，由于人类不合理的经济社会活动，主要是水土资源不合理利用造成破坏，导致河流萎缩、天然绿洲破坏、土地沙化、沙漠扩张。目前，部分沙漠已因扩张而欲成连接之势，采取措施维持河流绿洲一定规模，阻断沙漠连接成为国土整治的重要任务。

　　地质年代形成的沙漠和后天因人类活动造成的土地沙化是两个性质不同的概念。一方面，既然沙漠是西北干旱地区自然环境的一个组成部分，是人类不能也不应消除的，人类应与沙漠和谐相处，而不是不顾自然条件地改造沙漠或"向沙漠进军"甚至"征服沙漠"。另一方面，土地沙化则是人类不合理利用水土资源而造成的土地退化的灾害，是大自然反作用于人类不当活动的惩罚，是人类应当自省、自律而予以防治的。所以，欲要阻断沙漠连接，并不是要人们去改造治理沙漠，而是要人们去保护沙漠间原本存在并靠河流提供水源的天然绿洲，根本在于人类要自律其意识和行为，需要从人与河流、人与绿洲、人与沙漠三个方面采取对策。其一，保证河流下游及尾闾湖泊湿地水源补给。沙漠位于内陆河流下游及尾闾地区，并被河流绿洲所阻隔而长期形成沙漠与绿洲的稳定与平衡，维持河流健康生命，阻断沙漠连接，首先要保证内陆河下游河道及尾闾湖泊、湿地的水源补给。其二，保护天然绿洲，尤其是河流下游及尾闾（湖滨）绿洲的适宜规模和自我修复能力。其三，减少人类活动对于沙漠的破坏，避免因人类活动造成沙丘活化，进而危及河流与绿洲稳定。

三、维持水环境自净功能

水质洁净是河流健康生命的重要标志。西北内陆河发源于高寒山区，出山口以上水质良好。进入中下游平原以后，往往受到两个方面的污染：一方面是部分河流河段土壤本底母质富含矿物质导致河水矿化度升高；另一方面是人类活动造成的生活与工业污染。

维持西北内陆河健康生命，重在合理调整人类活动。为实现内陆河健康生命的水质目标，一方面应控制生活与工业污染物达标排放与入河总量；另一方面要保持必要的流量过程、水体总量与水域面积，以维护水环境的自我净化功能，使其在合理的时间及流程内恢复必要的水体功能。

四、保障经济社会发展的合理用水

河流健康生命要求河流具有健康的社会功能和自然功能。西北内陆河的社会功能主要表现为向人类提供安全而可持续的水源保障与绿洲屏障，这是社会发展的需要。自然功能主要表现为河流对自身生态系统的支撑程度，是河流生命活力的重要标志，并最终影响人类社会的可持续发展。西北内陆河的主要社会功能与自然功能都集中表现为水资源的供给与保障，合理配置经济社会用水与河流生态环境用水是维持河流健康生命以支撑流域可持续发展的重要内容。

所谓保障经济社会的合理用水，关键在于一要合理，二要保障。西北内陆河流域干旱缺水，荒漠化严重，经济社会的合理用水必须保障，同时也只能保障经济社会合理的用水需求。水资源的合理需求是一个相对与动态的概念：首先要以流域生态环境不因经济社会用水而产生不可逆转的恶化为前提；其次，在合理的经济社会布局与结构及节约用水的条件下，经济社会低限的供水需求应予以满足与保障。

第二节　西北内陆河健康生命的
主要标志

　　维持河流健康生命，旨在人类需求的合理保障和生态环境的良性发展之间求得平衡与和谐。但是，不同的河流具有截然不同的自然地理和社会人文环境，也就面对着不同的矛盾、不同的问题，以及人类不同的期望，从而决定了不同河流之间其健康生命的具体目标和具体要求也就各不相同。维持河流健康生命，就其具体量化指标和具有针对性的对策措施来讲，当属千河千面，虽有相近但绝无雷同。这是因为一条河流（流域）就是一个复杂的自然地理、经济社会、历史文化系统，每一条河流都有其特殊的客观环境和历史背景。所以，维持河流健康生命应是一个相对的概念，相对于客观环境和历史背景而存在，不同的河流允许也应当具有不同的健康内涵和功能要求。河流健康生命要义之一是支撑人类社会合理的资源与环境需求；要义之二是河流本身及以河流为中心的流域环境要能够永续存在、良性发展、永葆其健康功能。所以，河流健康生命又是一个各方协调共赢、人与自然和谐相处的概念。

　　西北内陆河地区，因少雨和具有广阔的回旋空间，致使总体上洪水威胁和泥沙淤积危害不甚突出，而水资源紧缺则成为无处不在又十分尖锐的主要矛盾。许多地区因缺水造成供水矛盾突出，影响河流水系完整，致使绿洲退化、沙漠扩张、沙尘暴肆虐。所以，维持西北内陆河健康生命，要紧紧抓住水资源合理配置这一主要矛盾，强化自律意识，妥善安排人类活动用水、河流自身用水与天然绿洲用水。

　　每一条河流都是一个有机联系的整体，维持其健康生命应该具有一套完整的指标。维持西北内陆河健康生命的标志应具有两方面基本要求：其一，标志应严谨准确、能量化、可操作，以利实行。其二，标志表述要通俗易懂，利于公众参与。为涵盖西北内陆河广大地域，本书仅从普遍意义的角度，提出广义的西北内陆河健康生命的标志，即"河湖畅通，地表水系稳定；采补平衡，地下水位稳定；绿洲不萎缩，生态系统稳定；污染不超标，河流水质稳定"。这4个标志应通过与之相应的一系列治理措施来实现。

维持河流健康生命，就是要实现人类社会与生态系统共享水资源，以求可持续发展。如是，既要接受历史经验教训，强调保护和恢复河流生态系统的重要性，又要承认在生态系统承受能力范围内人类合理开发水资源的合理性，并对人类活动已经造成的生态破坏进行适当修复和补偿。面对西北内陆河地区干旱缺水和土地荒漠化的突出问题，当前维持河流健康生命首先要保证河流和天然绿洲基本的用水需求，以维持其水系完整、绿洲茂盛、水质洁净、物种繁衍。基于这一指导思想和当前西北内陆河生态环境恶化的严酷现实，应当自律人类水事活动，保护河流和绿洲，并在地面水源配置、地下水源配置、水环境保护、天然绿洲保护等方面制定具体目标。

一、河湖畅通，地表水系稳定

维持地表水系正常的空间展布功能是保持河流水系完整和循环功能的重要基础。一般情况下，西北内陆河流水系稳定及正常展布功能应包括以下内容：

（1）流路畅通，输水到达尾闾湖泊（湿地）。保持干流与支流之间，以及上中下游直达尾闾湖泊（湿地）的流路畅通，是河流健康生命的重要标志之一。河流情况不同，河流流路畅通、生命健康的涵义也因河而异，有的河流或河段要求全年通水，有的要求年内间歇通水，也有的河流河段在现实条件下仅可维持年际间相机通水（如黑河下游西河河段）。健康河流流路畅通水平虽然可以不同，但流路长期不畅通、水系不稳定的河流肯定是不健康的。

（2）时空水量配置适当。在水资源非常紧缺的情况下，一条具有健康生命的内陆河，其水量在空间和时间上应有合理配置。当前的情况是，不少西北内陆河由于人类无序开发，用水失控，致使人类活动用水与生态环境用水之间，以及干支流之间、上中下游之间及年际年内不同时段之间水量配置失当。总的情况是经济社会用水挤占了生态环境用水，尤其是枯水年份和灌溉高峰期上中游用水多，进入下游及尾闾水量少。主要河流均应制定分水方案，建立水权秩序，实行有序配水，尤其要确定经济社会活动用水与生态环境用水的适当比例，就像黑河正常年份要保证进入下游河段9.5亿m³水一样。通过合理配置水资源，保证各河段植物生长季节具有一定的过水时间，部分河流河段还要保持必要的洪水泛滥机遇。

（3）稳定尾闾湖泊（湿地）。黄河的尾闾和归宿是大海，河口断流海水就要入侵倒灌。西北内陆河的归宿是尾闾湖泊和湿地，也是其抵挡沙漠以求自保的前沿屏障，一旦失去尾闾湿地，沙漠就要入侵扩张。由于不同时期、不同河流内在潜力和功能要求不同，尾闾湖泊（湿地）规模也就随之不同。但是，只有保持并稳定必要规模的尾闾湖泊或湿地，才是一条完整的内陆河。

二、采补平衡，地下水位稳定

西北内陆河地表径流与地下径流交换异常活跃，维持地下水采补平衡，以保证正常的时空循环更新功能是干旱地区内陆河健康的重要条件。西北内陆河下游地区多属季节性河流，靠河川径流补充地下水，再通过地下水为人类需水和天然绿洲需水提供时空水源保障。具有健康生命的西北内陆河，其地下水系应达到以下要求：天然绿洲地下水位保持适当埋深，一般宜控制年均埋深在4m以内；浅层地下水采补平衡，年际间水位相对稳定；严格控制开采中深层地下水，一般情况下不得用于日常性生活、生产，以及绿化用水。

三、绿洲不萎缩，生态系统稳定

西北内陆河及其哺育的河流绿洲共同组成了当地复杂的生态系统。绿洲靠河流来哺育，河流也依赖绿洲为生态屏障。西北内陆河地区因干旱少雨，生态系统自我修复功能要较我国中东部地区脆弱，水土资源及绿洲生态系统承载能力较低，因此更要求人们多方面爱护天然绿洲，保持其健康正常的自我修复功能。西北干旱地区天然绿洲稳定应至少具有两方面条件：首先，保持天然绿洲的必要用水，维持地下水位稳定和适宜埋深；其次，保护森林草原和荒漠植被，禁止超载过牧，以及对植被区的滥挖、滥采、滥樵、滥伐等破坏行为，对于珍稀物种（如胡杨林）更要重点加以保护。经过努力，西北内陆河应视各河流情况不同，使河流绿洲保持或恢复到人们期望又能够实现的某种规模与水平。

四、污染不超标，河流水质稳定

维持地表与地下水体正常的环境自净功能，从而保持优良水质是河流健康生命的又一重要标志。西北内陆河流因其水量少，决定了水环境容量与自净能力有限，在西部大开发的新形势下，控制水体（包括地下水）污染就显得尤其重要。其一，要求用水户"达标"排放废污水；其二，将区域排污总量控制在纳污水体（河流、湖泊）的环境容量以内，保证通过水体正常的环境自净功能使其循环净化，以保证水质符合国家规定。

第三节　主要河流治理方向

一、西北内陆河治理重要指标

不同的河流具有不同的河情，保障人类供水安全与维持河流健康生命也应该具有不同的量化标准。维持西北内陆河健康生命应针对具体河流的具体情况，提出可量化、可控制及可操作的具体指标。完成该项工作，需要诸多基础资料的支撑、必要研究工作的投入，以及各方利益的协调与权衡。本书仅就该区七大主要河流所涉及部分重要指标与标志进行讨论，提出初步意见和建议。

（一）生态环境用（耗）水比例

维持河流健康生命，首先要将水资源可持续利用和流域生态环境建设提升到地区可持续发展的高度。为了既能保障经济社会发展的基本用水，又能以水资源的可持续利用保护生态环境的良性发展，当前需要在人类活动用水与天然生态环境用水之间划定一个恰当的比例，也可为盲目扩张的人类活动限定一个不可逾越的"保护区"，作为人与自然和谐相处的重要用水标志。国际国内对此标准曾有过一些研究，影响比较广泛的有：其一，按国际通行标准，河流水资源开发利用率不应超过40%。其二，中国工程院在《西北地区水资源配置生态环境建设和可持续发展战略研究》[6.1]报告中，针对我国西北内陆干旱区提出了水资源合理配置标准："在西北内陆干旱区，生态环境和社会经济系统的耗水以各占50%为宜。生态环境耗水是指人工绿洲、灌区、城镇范围以外的山地林草、天然绿洲和荒漠植被以及河流、湖泊的生态耗水。人工绿洲、灌区、城镇的各种防护林以及绿化、美化建设，都应包含在它们各自区域的社会经济耗水指标中。按社会经济平均耗水率为用水量的70%折算，今后内陆河流用水量的最高开发利用率应不超过70%。"

维持河流健康生命是一个兼顾河流社会属性和自然属性的相对概念，不同河流因自然与社会情况不同，以及人们认识与期望的不同而允许有其不同的评价标准。在极度干旱缺水的西北地区，期望各方面都达到令人满意的理想状态几乎是不可能的，西北内陆河健康生命只能是相互妥协与多方权衡情况下的折衷目标，它既要考虑相关地区经济社会的适度发展与居民生活水平的提高，又要维持正常的河流水循环与生态环境的良性发展，以维持资源环境的可持续性。所以，今日西北内陆河健康生命只能是相对意义上的健康，反映河流健康的指标既是必需的，同时又往往不得已而允许具有一定的弹性。

国际上通行的河流水资源开发利用率不宜超过40%的标准，相对于全球河流开发的整体性宏观指导，以及水资源条件许可的情况下，无疑是合理的。但是，以此衡量并应用于我国西北内陆河，却是困难的。

中国工程院提出经济社会与生态环境耗水量各占流域水资源总量50%的观点，作为宏观框架性的指导意见，符合西北内陆河流域总体情况。但是，正如本书第五章所述，西北内陆河地区河湖众多，广布分散，情况各异，反差巨大，为了具体反映众多河流的复杂差异性，对于河流健康生命重要指标的进一步量化是需要的。

鉴于当前西北地区经济社会用水挤占生态环境用水的普遍倾向，河流健康生命的指标设置应适当突出生态环境用（耗）水。建议以流域为单元，以流域内最低生态环境耗水量作为流域水资源配置的重要指标，流域水资源总量减去最低生态环境耗水量则为经济社会的最大允许耗水量。

将西北内陆河地区七大主要河流分为以下三种类型：

第一种类型，以黑河、石羊河为代表。在当前及今后较长时期内，以人类社会所可能承受之最大压力和可能采取的种种措施，经济社会耗水量最多也只能降低至流域水资源总量的60%左右，相应生态环境耗水量最多只能提高到流域水资源总量的40%左右。不是生态环境的改善不需要更多的水资源，而是经济社会无法承受供水水源更大幅度减少所带来的压力与损失，甚至是破坏。经国务院批复的《黑河流域近期治理规划》，在国家和社会共同努力采取种种有效措施以后，黑河干流水系生态环境耗水量的近期目标与中期目标分别规划为达到流域水资源总量的26%和35%。对于远期目标，本书研究认为经过更大努力以保证生态环境耗水量进一步提高到流域水资源总量的40%以上，既很必要，同时又存在诸多困难。石羊河流域的情况与黑河类同，唯更困难而已。

第二种类型，以塔里木河、天山北麓诸河、疏勒河为代表。就流域整体情况并考虑部分河流合理可行的调引外水补充当地水源后，生态环境与经济社会耗水量以各占本流域水资源总量的50%左右为宜。

第三种类型，以柴达木盆地诸河、青海湖水系为代表。就流域整体情况而言，在兼顾经济社会供水安全、河流健康与生态环境良性发展的条件下，两个流域生态环境耗水量最低也应分别保持在流域水资源总量的80%和90%以上。

（二）尾闾湖泊（湿地）状态

尾闾湖泊湿地是内陆河的归宿，也是河流健康的重要标志。当前的突出问题是，西北内陆河尾闾湖泊大部分都处于萎缩进程之中或者已经干涸。如前面几章所述，与西北内陆河的自然状态相比较，其尾闾湖泊受到两种因素的影响：其一，干旱的气候环境影响西北内陆湖泊以非常缓慢的速度在萎缩，尤其是水面辽阔的大型湖泊，如青海湖。其二，人类社会要发展，其经济生活就要用水，也就必然减少水资源原本紧缺的西北内陆河进入其尾闾湖泊的水量。当前人们面临的问题是，在客观的自然环境和历史遗留的客观现实面前，如何既保证经济社会供水安全，又保护好乃至部分恢复西北内陆河的尾闾湖泊。维持西北内陆河健康生命，应视不同河流的具体情况，提出关于各个河流尾闾湖泊湿地恢复与保护的方向建议。

（三）其他指标

对于其他一些指标，可视具体河流情况，必要时提出方向性要求与建议，例如天然绿洲保护规模、地下水位回升要求，以及特殊河段水质标准等。

二、主要河流治理方向

西北内陆河七大水系治理方向讨论如下。

（一）塔里木河

2001年6月，国务院批准了《塔里木河流域近期综合治理规划报告》（以下简称《近期规划》）。该报告鉴于塔里木河下游河道自20世纪70年代开始长期处于断流状态，致使具有战略意义的下游绿色走廊濒临毁灭，靠绿色走廊分割的塔克拉玛干沙漠和库姆塔格沙漠呈合拢之势的严峻现实，按照有限目标、急事先办的指导思想，提出了以恢复下游绿色走廊为目标、以"四源一干"为治理范围和以干流下游为重点、以2001～2005年为实施周期的近期规划目标："在多年平均来水条件下，到2005年，'四源一干'天然生态需水量将由现状的109.5亿m³增长到127.0亿m³；塔里木河干流阿拉尔来水量达到46.5亿m³（其中阿克苏河、叶尔羌河、和田河进入干流水量分别为34.2亿m³、3.3亿m³、9亿m³），开都河—孔雀河向干流输水4.5亿m³，大西海子断面下泄水量3.5亿m³，水流到达台特玛湖，使塔里木河干流上中游林草植被得到有效保护和恢复，下游生态环境得到初步改善"[1,2]。《近期规划》提出了三项近期治理目标，即：天然生态环境耗水量达到"四源一干"水资源总量274.88亿m³的46.2%；适度恢复尾闾湖泊之一台特玛湖；适度恢复干流绿洲。

大西海子水库开闸放水　俞涛 摄

　　关于中、远期治理方向与对策，《近期规划》提出在全流域综合治理规划、骨干工程建设、"实施跨流域调水，引入客水注入塔里木盆地"的基础上，"使塔里木河的最后归宿罗布泊恢复生机，全面解决塔里木河流域经济社会与生态环境协调发展问题"。由此看出，塔里木河流域综合治理的任务长期而艰巨。关于开展中、远期规划与治理，维持塔里木河健康生命，提出以下建议：继续深入开展节水型社会建设，将"四源一干"流域内的生态环境耗水量提高到水资源总量的50%以上。逐一开展喀什噶尔河、迪那河、渭干河与库车河、克里雅河、车尔臣河五大源流流域规划，重点解决经济社会发展目标及用水安排、生态环境最低耗水比例及天然绿洲重点保护规划、源流河道是否接入干流及尾闾安排等。通过中、远期继续治理，塔里木河全流域生态环境耗水量达到流域水资源总量的50%以上，更多源流恢复与干流及尾闾湖泊水力联系，维持塔里木河健康生命，实现流域人口、资源、环境与经济社会的协调发展是能够做到的。

（二）天山北麓诸河

1．艾比湖水系

艾比湖位于阿拉山口大风区的主风道，位置特殊。由于上游用水增加，艾比湖水面面积从20世纪50年代的1 200km²缩减到90年代的500~800km²。干涸湖底以疏松粉尘状镁盐为主要成分，又恰好处于阿拉山口主风道上，狂风刮起粉细盐尘，严重影响下游地区天山北麓经济带环境质量，危害人民健康与经济发展。因此，艾比湖流域应以保护生态环境为主要目标，建议近期保持艾比湖当前水面约800km²，远期达到1 000km²以上。欲达此目标，估计生态环境耗水量（包括甘家湖）近期需要保持在流域水资源总量的50%以上，远期需要达到60%以上，与此相适应，需将经济社会耗水分别控制在50%和40%以下。

2．天山北麓中段

以玛纳斯河、呼图壁河、乌鲁木齐河为代表，水资源开发程度较高，下游地下水位下降，尾闾湖泊干涸或萎缩。考虑到该区城镇林立，人口密集，缺水严重，以及河流下游及尾闾所处的古尔班通古特沙漠多年平均降水可达100mm左右等种种情况，需要区分具体河流，逐一作出具体水资源配置规划。在近期没有外来补水的条件下，控制经济社会耗水量在水资源总量的60%以下，相应生态环境耗水量不低于水资源总量的40%，适度恢复下游地下水位。中远期在有外来补水条件下，控制经济社会耗水量在水资源总量的50%以下，相应生态环境耗水量可达水资源总量的50%以上，适度恢复玛纳斯湖等河流尾闾湖泊。此外，天山北麓诸河应严格控制工业与生活对水源的污染。

3．天山北麓东段

该区不宜于大规模开发，当前河流生态状态总体尚可，唯下游地区古尔班通古特沙漠边缘地下水位下降，影响沙漠植被。应控制包括人工生态在内的经济社会用水，增加天然绿洲用水比例，使之不低于流域水资源总量的50%，以维持诸小河道下游地区地下水位。

（三）柴达木盆地诸河

柴达木盆地是我国国土面积中产水模数最低的地区之一，属于环境高度敏感地区。客观的自然地理环境决定了生态环境耗水应占水资源总量的较大比重。当前，一方面与海拔相对较低的内陆河相比较，水资源开发利用程度不高，2000年经济社会总引用水量仅占盆地诸河水资源总量的19%，考虑到用水方式粗放，估计经济社会耗水量仅占水资源总量的10%左右。另一方面，由于自然原因及20世纪人类对于细土带灌草植被的大量破坏，以天然绿洲植被萎缩为特征的生态环境严重恶化，维持柴达木盆地诸河健康生命以支撑地区可持续发展不同于一般地区，必须采取以下对策。

1. 合理安排经济社会布局

柴达木盆地一方面区位优势明显，矿产资源富集，战略地位非常重要；另一方面水土资源承载能力又非常低下，经济社会发展要采取高效集约开发与限制人口发展并重。

（1）城镇工矿业的发展要求采取"点式开发"（如察尔汗盐湖基地）方式，后勤基地可采用远距离异地安置。

（2）限制农牧业规模。其一，利用工矿业开发机遇，转移部分农业和牧业人口到工矿部门，以减轻水土资源压力。其二，东部地区种植业规模不再扩大，西部地区种植业限于城市高科技农业，以解决城市时鲜蔬菜为主。其三，限制牲畜数量。

2. 保护天然绿洲

柴达木盆地海拔高，积温低，植物干物质生长积累缓慢，细土带植被一旦破坏，恢复困难。要制定规划，保护天然森林、灌丛、草原及荒漠植被。包括：禁止毁林毁草开荒，限制超载过牧，禁止对植被的滥挖、滥采、滥伐、滥樵，要求工业交通国防等基本建设尽量减少对天然植被的破坏。

3. 维持当前河湖格局，限制经济社会用水

柴达木盆地生态环境脆弱，要将维持当前河湖格局作为维持柴达木盆地诸河健康生命的重要目标之一。为此，需要严格限制人类活动用水，可通过农业节水挖潜以解决工矿业发展的新增用水需求，将柴达木盆地生态环境最低耗水量基本维持在盆地水资源总量的80%以上为宜。

（四）青海湖

青海湖水系包括环湖河流与青海湖湖区两部分。环湖河流水资源量22.27亿m³，加上青海湖水面降水后达到37.88亿m³。2000年经济社会活动耗水量0.7亿m³，分别占环湖河流水资源量的3.1%和考虑湖面降水后青海湖水系水资源总量的1.8%。当前青海湖湖泊水面年蒸发量40.5亿m³，大于湖水总补给量（36.9亿m³），年均湖水亏损量3.6亿m³，青海湖仍处于其生命节律的萎缩进程中。维持青海湖健康生命，建议如下：

（1）控制流域人口增长和牲畜数量，经济社会用水基本维持目前水平，保护环湖河流绿洲。至少保持生态环境耗水量占到河湖每年补水总量的90%以上。

（2）研究规划青海湖健康问题，可有两种考虑：①维持当前水资源状况，青海湖将按照自身的生命节律继续演化：湖面将继续萎缩，湖水位将继续下降，湖水将进一步浓缩，到一定时期，青海湖湖区将在更低水位、更小水面、更高矿化度的条件下实现新的平衡。②遏制当前湖区萎缩趋势，让青海湖保持当前湖区生态状况，就必须采取人工措施引外水补充青海湖水源之不足。

（3）深入研究并编制青海湖地区水资源合理配置及生态环境保护规划是必要且有意义的。

（五）疏勒河

在甘肃河西地区，疏勒河流域人口相对较少，但水资源开发利用不合理，效率较低。鉴于疏勒河中下游处于沙漠环抱之中，生态环境脆弱，今后应节约用水，提高用水效率，压缩包括人工生态在内的人类活动用水量，提高天然绿洲生态用水比例，使其耗水由当前占水资源总量的36%提高到50%以上，相应经济社会耗水降到50%以下。恢复干流尾闾西大湖、党河月牙泉等湖泊湿地。同时，改善局部污染河段水质状况。

（六）黑河

1. 东部子水系

黑河东部子水系即干流水系，2001年经国务院批准的《黑河流域

黑河生态系统逐步恢复　董保华　摄

近期治理规划》[1,5]为东部子水系规划了治理目标：

近期：2003年以前，大力开展节约用水，实现国务院批准的分水方案，正常年份使正义峡下泄水量达到9.5亿m³；全流域生态用水量达到7.3亿m³，丰水年份有一定水量进入居延海，使生态系统不再恶化。

中期：2004～2010年，在保证正义峡下泄水量不变的情况下，使全流域生态用水达到9.9亿m³，逐步增加进入下游三角洲地区和居延海的水量，使生态系统恢复到20世纪80年代水平。

远期：2010年以后，进一步采取综合措施及跨流域调水，科学配置水资源，使生态系统得到合理恢复，实现人口、资源、环境与经济社会的协调发展。

上述黑河东部子水系流域近期规划及实施，是西部大开发战略中内陆河流域治理的一个试点，且已初见成效。据此规划，近期规划各项目标已基本实现，据此目标，生态环境耗水量达到流域水资源总量的26%，东居延海已恢复常年水面。中期规划目标中，在没有外水补源条件下，生态环境耗水量仅可达到占流域水资源总量的35%。下游三角洲地区和居延海滨湖地区天然绿洲恢复到20世纪80年代水平，也即意味着植被中等盖度的天然绿洲面积恢复1 900多km²，狼心山以下天然绿洲面积达到4 000km²左右 [3.1]。同时，对于下游地区狼心山以上河段，应严格限制中深层地下水开采，逐步恢复地下水位。对于远期规划目标，应采取多种措施，将生态环境耗水量提高至流域水资源总量的40%以上，就是说，面对黑河流域客观现实，远期经济社会耗水量宜控制在流域水资源总量的60%以下。

狼心山分水闸　刘斌 摄

2. 中西部子水系

黑河中西部子水系主要是讨赖河水系，该水系水资源紧缺，水事矛盾突出，生态用水被挤占导致生态环境恶化。维持河流健康生命，支撑地区可持续发展，重要工作之一是制定流域规划，合理配置水资源，建立水权秩序。规划目标之一是保持生态环境耗水量逐步达到流域水资源总量的40%以上。

（七）石羊河

该流域位居河西走廊与黄河流域接合部，人口稠密，战略地位重要，人类对于石羊河的过度开发已有80余年之久，而近50余年尤甚。维持石羊河健康生命应制定目标，立足长远，综合治理，持之以恒。

在采取严格的节水措施、大幅度提高经济社会用水效率和适当引外水补充当地水源的条件下，长远目标应逐步提高全流域天然生态用水比例并达到流域水资源总量的40%以上，其中进入下游地区（民勤及昌宁盆地）水量应不少于流域水资源总量的20%；逐步恢复下游民勤盆地与昌宁盆地地下水位，适当恢复青土湖湿地，阻挡沙漠合拢。

实现上述目标是十分必要的，否则，石羊河难以健康，地区可持续发展无法实现，社会发展也难以和谐。但是，由于历史的原因，石羊河流域水资源与水环境问题积淀已久，问题复杂，矛盾突出。例如，石羊河流域耕地亩均水资源几乎与以色列相当，可是石羊河流域无论从经济技术、资源管理、劳动力素质及市场条件，均和以色列存在巨大差距。维持石羊河健康生命，需要有力措施，几方面对策可供选择：①大力度的经济结构调整。例如把农田灌溉面积降下来。如此，需要解决许多困难的社会问题。②采取措施，引导流域内人口向外移民。如此，也有许多困难。③大力度节约用水，无疑这是必须采取的措施。但是，节水潜力是相对且有限的，达到一定限度，往往需要更多条件的支持。例如，工业大量节水往往需要改造工艺设计或污水回用；农业高新技术节水因加大投入，往往要求较高的产出收益，不适合大田作物，而品质好、价格高的农产品（如温室滴灌的蔬菜水果）又受到市场条件的制约。④外流域调水补源。这虽是个直接有效的办法，但是存在一些实际困难，一是相邻流域（黄河、黑河）也都是严重缺水的流域；二是工程艰巨，基本建设投资大；三是如果外来调水占到相当比例，必将增加水源工程运行成本，部分用水户将面临高水价的压力和负担。

无论如何，石羊河流域近一个世纪积淀的水资源与水环境问题，到了必须解决的时候。维持石羊河健康生命，需要国家和地方乃至全社会的共同努力，加大力度，综合治理。

第七章

维持西北内陆河健康生命的主要措施

坚持科学发展观，维持西北内陆河健康生命，实现人与自然和谐相处，事关地区供水安全、生态安全，乃至全国环境安全等重大战略问题，关系到社会安定、民族团结、国防稳固、国家振兴的百年大计，既是西北内陆河开发与管理的长远目标，也是西部地区构建社会主义和谐社会的具体实践。针对西北内陆河地区存在的突出问题，围绕河流健康生命的主要标志，需要中央、地方以及社会各界齐心协力，积极行动，标本兼治，综合治理。

第一节　实行水资源管理"三统一"

21世纪中国水资源管理将进入一个宏观与微观相结合、多目标、多层次、全方位的现代化管理阶段。西北内陆河的水资源管理是我国水资源管理的重要组成部分，应建立适合当地特点的水资源管理体制与机制，进一步加强管理，优化配置，节约保护，实现水资源的可持续利用。

一、统一规划

由于西北内陆河位于我国内陆腹地，干旱少雨，蒸发强烈，荒漠化严重，生态环境脆弱，水资源相对贫乏并且分布不均，是人类生存和当地经济社会发展的主要制约因素。随着人口的持续增长和经济社会的不断发展，有限的水资源供求矛盾更加突出，甚至出现非常严重的生存危机和生态灾难。西北内陆河地区水资源统一规划的目的就是要统筹管理流域水资源的开发利用和水资源保护工作，加强和完善规划的管理职能，解决水资源利用无序、结构失调、浪费严重、污染过度等重大问题，保证水资源的合理需求和有效供给。

水资源规划是水资源统一管理的基础。西北内陆河地区水资源规划要针对当地干旱缺水和土地荒漠化的突出问题，立足水资源的可持续利用，坚持以人为本、人水和谐的理念，合理开发地表水，科学利用地下水，根据量水而行、以供定需的原则，统筹安排生产用水、生活用水和生态用水三方面需求，优先保障城乡生活用水和必需的生态环境用水，实现干流与支流、地表水与地下水、水量与水质的统一安排，维持河流健康生命，支撑流域经济社会的可持续发展。

西北内陆河地区水资源以流域为单元进行统一规划、统一配置。水资源统一规划既要重视水资源开发利用对流域经济和区域经济的重要支撑作用，也要考虑水资源的制约作用，对现状经济结构要依据水资源条件进行产业结构调整、农业种植结构调整，并坚持厉行节约。总的原则是量水而行，以水定供，以供定需。

2001年，国务院批复的《黑河流域近期治理规划》、《塔里木河流域近期综合治理规划》，提出了以生态建设和环境保护为指导思想的流域综合治理措施，以强化流域水资源统一管理和调度为核心，采取工程和非工程措施，通过节水工程建设及加强流域水资源统一管理和调度，改善灌溉条件和流域生态环境，为全流域人口、资源、环境可持续协调发展创造良好条件。流域近期治理规划完成后，应进一步编制中长期水资源综合规划，为经济社会可持续发展和水资源的节约、保护、合理利用提供科学依据。

二、统一管理

（一）建立流域管理与区域管理相结合的水管理体制

《中华人民共和国水法》规定国家对水资源实行流域管理与行政区域管理相结合的管理体制。西北内陆河受干旱缺水荒漠化恶劣环境的影响，水资源极度匮乏，制约地区经济社会的发展和生态环境的恢复。长期以来，一直存在流域上游与下游、源流与干流、省（区）之间、地市县乡之间的许多水资源管理与协调问题。因此，当务之急是从管理体制和机制入手，加强管理，成立以流域为单元的水资源统一管理机构，建立流域管理与行政区域管理相结合的新型管理体制，明确流域管理机构的职能和职责，明确流域管理和区域管理的事权划分。加强以流域为单元的水资源统一管理，其目标是确保人类当前的供水平衡和子孙后代对流域水资源的可持续利用。

国务院在批准的《黑河流域近期治理规划》中明确黄河水利委员会黑河流域管理局负责黑河水资源的统一管理和调度；组织取水许可制度的实施，编制水量分配方案和年度分水计划，检查监督流域水量分配计划的执行情况；负责组织流域内重要水利工程的建设、运行调度和管理；协调处理流域内各省（区）之间的水事纠纷等。流域内各省（区）实行用水总量控制行政首长负责制，各级人民政府按照黄河水利委员会黑河流域管理局制定的年度分水计划，负责各自辖区的用配水管理。

甘肃省政府成立了石羊河流域管理委员会，下设甘肃省水利厅石羊河流域管理局，负责流域水资源的统一管理和调度。石羊河流域管理委员会全面负责流域水资源的开发、保护、节约、配置、治理的宏观指导和监督，协调跨流域调水工程有关事宜，审批流域年度调度方案，研究决定流域综合治理等重大事项。石羊河流域管理局负责统一管理和调配流域水资源（包括地表水和地下水），监督实施流域水中长期供求计划和水量分配方案，负责省级管理权限内的流域取水许可工作，组织开展流域内属省级审批的新建、改扩建取水项目水资源论证，统一审批流域地下水取水许可；负责组织开展流域内控制性水利项目和跨市重要水利项目的前期工作；负责流域内重要水利工程的建设、运行、调度和管理；负责流域内控制性水利工程管理，编制地表水量年度分配方案和调度方案，并负责水量调度的实施；负责组织划定地下水禁止开采区和限制开采区，制定流域地下水年度开采计划并监督实施。

新疆维吾尔自治区人民政府在塔里木河流域设立了塔里木河流域水利委员会，作为决策机构负责研究决策塔里木河流域综合治理的有关重大问题，对塔里木河流域管理局，流域内各州、地和兵团各师贯彻委员会决议、决定情况进行协调和监督。委员会下设执行委员会，在委员会闭会期间代表委员会行使职权，负责监督和保证委员会决议、决定的贯彻执行，并在委员会授权范围内制定政策、作出决定。塔里木河流域管理局是委员会的办事机构，同时也是自治区水行政主管部门派出的流域管理机构，在委员会及其执行委员会领导下，对塔里木河干流和自治区水行政主管部门确定的塔里木河流域重要源流行使流域水资源管理、流域综合治理和监督职能。国务院批准的《塔里木河流域近期综合治理规划》明确提出加强流域水资源统一管理和科学调度是塔里木河流域近期综合治理的关键。

（二）水资源统一管理的主要措施

水资源统一管理需要采取多种措施、手段和方法，主要包括法制措施、行政措施、经济措施、工程措施、科技措施等。各种措施各有其适用范围和优势，统一管理水资源需要综合利用这些措施，并根据形势的变化进行必要的调整，只有这样才能保证水资源管理工作达到应有的经济社会和生态环境效益，维持河流健康生命。

（三）水资源统一管理的主要内容

1.取水许可制度的有效实施

取水许可制度是体现国家对水资源实施统一管理的一项重要制度，是调控水资源供求关系的基本手段。按照水资源分级管理的授权，流域机构和当地水行政主管部门负责取水许可制度的组织实施和监督管理。黄河水利委员会会同新疆、青海、甘肃、内蒙古等省（区）水利厅并按照分级管理的原则，对西北内陆河取水许可制度的实施进行管理。

2.实行计划用水、厉行节约用水的用水管理制度

实行计划用水是用水管理的一个重要手段。西北内陆河地区用水部门众多，用水要求各异，水资源供需矛盾突出，必须根据不同的管理需要和用水要求编制不同行业和用户的用水计划，全面实行计划用水制度。

节约用水是我国的基本国策，西北内陆河水资源十分紧缺，但浪费水的现象很普遍，必须厉行节约用水。通过水资源的统一管理和实行计划用水，采取经济的、技术的、行政的方法，形成一个节约用水的用水管理制度。

3.实施入河污染物总量控制和排污入河许可管理

实施流域水量、水质统一管理。根据水资源保护要求和水环境承载力配置可能，流域管理机构需制定不同水资源条件下的污染物入河总量控制方案和实施计划，经有关部门批准后，方可按照管理权限，实施排污入河许可管理。

4.加强水量、水质的监督和监测

流域管理机构和各省（区）水行政主管部门负责编制本流域或辖区的《水资源公报》和《水资源质量公报》，并建立用水统计制度。对于主要河流要提出行政区界水质目标和主要控制断面非汛期低限环境最小流量。流域管理机构要加强控制断面水量与水质的监测工作，将监测结果反映到水量调度动态中。依据水质监测结果，及时向社会公开发布《水资源公报》和《水资源质量公报》，以利于社会各界及时了解并监督流域水资源开发利用和保护情况。

5.推行并监督流域规划的实施

流域管理机构根据授权负责流域综合规划的监督实施，凡在流域内建设的骨干工程，涉及流域水资源与防洪、水土保持生态环境的大中型建设项目，必须符合规划要求，有关部门在审查、审批时要征求流域管理机构的意见。

6.城乡水务一体化

水资源统一管理，必须统筹管理供水和需水两个方面，而且要首先加强需水方面的管理。

三、统一调度

在西北内陆河地区，对于人口密集，水源紧缺，综合开发任务繁重，水事矛盾突出，以及生态环境恶化的重要内陆河，实施流域水量统一调度是非常必要和有效的。

黑河实施的水量调度，在工程措施不完善的情况下，行政措施发挥了重要作用。2000年5月，黄河水利委员会按照原国家计委批复的黑河干流（含梨园河）水资源分配方案，针对2000年具体情况，拟订了当年调度方案，即当莺落峡多年平均来水15.8亿m³时，正义峡下泄8.0亿m³。2000年调度期间，黑河流域管理局制定月调度方案，实施协调和监督检查，在上级部门的支持下，在甘蒙两省（区）地方政府和有关部门的配合下，在张掖5次实施"全线闭口，集中下泄"措施，实现了黑河水资源的首次统一调度，完成了当年调度目标，莺落峡来水14.6亿m³，正义峡下泄了6.5亿m³水量，水流到达额济纳旗首府达莱库布镇。2002年7月，黑河调水首次到达黑河尾闾湖泊东居延海，实现了黑河跨省（区）调水的历史性突破。2003年9月，首次将黑河水输送到干涸43年的西居延海，实现黑河干流全线通水。2004年东居延海形成1958年以来最大水面，2005年首次实现东居延海全年不干涸，2007年春季又实现西河大范围过流，近2 000万m³的水量，让5 000多亩林草地获得了维系生命的宝贵水源。

东居延海碧波荡漾　石培理　摄

塔里木河水量调度。2000年5月至2006年11月，利用开都河来水偏丰，博斯腾湖持续高水位的有利时机，在上级部门的支持下，塔里木河流域管理局与巴州、农二师共同组织实施了八次向塔里木河下游生态应急输水。七年间，累计从博斯腾湖调出水量25.54亿m³，从塔里木河上中游向下游调水8.6亿m³，自大西海子水库向下游输水21.93亿m³，六次将水输送到尾闾台特玛湖。2000年5月至7月第一次应急输水，从博斯腾湖共调出水量2.04亿m³，大西海子水库下泄水量0.98亿m³，水流到达大西海子水库以下106km的喀尔达依。2000年11月至2001年2月第二次应急输水，从博斯腾湖共调出水量4.7亿m³，大西海子水库下泄水量2.26亿m³，水流到达大西海子水库以下215km的

塔里木河下游，治理以后胡杨林焕发生机，幼苗茁壮　王福勇　摄

阿拉干。2001年4月至11月第三次应急输水，以水到台特玛湖为目标，从博斯腾湖共调出水量6.19亿m³，从上中游向下游调水0.5亿m³，大西海子水库下泄水量3.82亿m³，首次输水到达尾闾台特玛湖，并形成约10km²的湖面。2003年4月，第五次应急输水和车尔臣河下泄洪水相交汇，在台特玛湖形成200余km²的水面，达到近百年来的最大湖面面积。随着塔里木河项目的逐步实施和多年来水量统一调度，有效缓解了干流地区及尾闾台特玛湖生态环境严重恶化的局面，挽救了濒危的胡杨。

石羊河水量调度。按照甘肃省政府批复的《石羊河流域水资源分配方案及2005～2006年度水量调度实施计划》，石羊河流域重点治理项目启动后，甘肃省水利厅于2006年3月和7月两次组织实施了西营河水库向下游民勤蔡旗调水，累计调水1 051万m³，完成了2006年调水任务。2007年春季调水从3月7日至3月31日，历时25天，西营河水库计划出库水量800万m³，考虑到下游地区生态及生产用水短缺，实际出库水量增加到1 508万m³，通过蔡旗断面水量达到793万m³，圆满完成调水任务。

实践证明，按流域实施水量统一调度是合理配置水资源，实施流

水到台特玛湖，岸边红柳郁郁葱葱，景色宜人 范新刚 摄

域水资源统一管理，确保水量分配方案实施，维持河流健康生命，保障区域经济社会可持续发展的重要管理措施。塔里木河、黑河、石羊河等流域管理部门应尽快制定与完善流域水量调度的实施管理办法，通过工程措施、非工程技术措施、行政措施和经济措施等支撑手段，保障其实施。工程措施主要包括调蓄水利工程、河道治理及输水工程、节水改造工程等；非工程技术措施主要包括建设监测设施及"数字流域"，提高预测预报能力；行政措施主要包括建立行政首长责任追究制度，将落实流域水量分配方案和年度调度计划纳入流域内各级行政首长任期考核目标；经济措施包括水资源费征收、水价机制、用水权交易、节水奖励和补偿机制等。

由于西北内陆河的产水区位于高中山区，水源补给途径主要是大气降水，而降水则有时空分配不均的特点，因此要兼顾经济效益、社会效益和生态效益，就必须建设具有一定调节能力的骨干水利工程，并实现水量的统一调度。

以黑河为例，由于干流缺乏控制性骨干水利工程，每年5月至6月灌溉关键期中游缺水严重，往往造成"卡脖子"旱。为缓解灌溉关键期的缺水问题，中游灌区在历史上的不同时期修建了27座平原水库，总有效库容4 869万m³，每年蓄水2～3次。由于平原水库水面大、蓄水浅、蒸发渗漏严重，水库的蒸发、渗漏损失量达到水库总蓄水量的30%～40%，造成宝贵水资源的严重浪费。国务院批准的《黑河流域近期治理规划》计划在黑河干流上游山区修建具有控制性调蓄功能的黄藏寺水利枢纽。该水利枢纽具有有效调节水资源，适时向中下游供水，并替代中游大部分平原水库，减少蒸发渗漏损失，同时改善中游地区引水条件，促进灌区节水改造等功能。从中下游灌区节水改造和黑河水量调度考虑，规划黄藏寺水库在2010年前后开工建设，2012年左右建成生效，不仅可以替代中游大部分平原水库，有效节约水资源，还可以相机向下游生态调水，将在黑河水资源开发利用、合理配置、调度管理等方面发挥重要作用。

塔里木河流域近期在叶尔羌河支流塔什库尔干河修建下坂地水利枢纽。下坂地水利枢纽的实施，不仅可以改善区域生态环境，而且可替代叶尔羌河灌区16座平原水库，减少水量蒸发渗漏损失。为有效调节塔里木河流域生活、生态和生产用水，中远期还将修建大石峡水

"引硫济金"工程大通河硫磺沟进水闸 石羊河流域管理局供

库、阿尔塔什水库、契恰尔水库等，继续废弃蒸发量大的平原水库。

　　为了合理配置水资源，要规划建设部分跨流域调水工程。例如已实施的"引黄（黄河）济民（民勤）"工程（见图7-1）、"引硫（硫磺沟）济金（金昌）"工程；正在研究的还有"引大（大通河）济西（石羊河流域西大河）"工程、"引大（大通河）济黑（黑河）"工程、"引大（大通河）济湖（青海湖）"工程、艾比湖补水工程等；正在规划中的南水北调西线工程也有向部分西北内陆河补水的初步考虑。

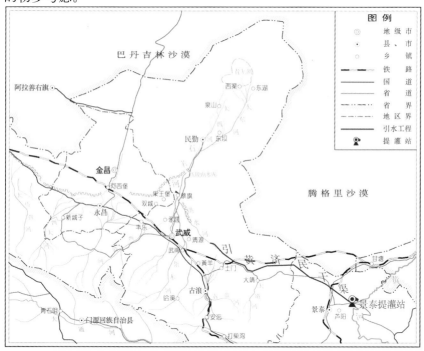

图7-1　"引黄济民"工程示意图

第二节　建立自然保护区，加强上游和尾闾地区的生态修复

　　由于人类过去掠夺式的超载过牧、滥伐林木以及开荒垦种，致

使西北内陆河地区天然植被破坏严重，尤其是源头和上游地区，以及下游和尾闾地区的天然植被覆盖率越来越低，因此应建立完善生态保护区，加强上游和尾闾地区的生态修复，尽快恢复流域内已经遭到破坏的天然植被。

在青海湖地区已经被开垦的草原和河流沿岸，大力实施退耕还林还草、退牧还草工程，严禁滥垦、滥牧、滥挖等破坏植被的行为。坚持保护与建设并重，实行综合治理措施，使封育区植被尽快得到恢复。严格控制超载过牧现象，依据草地实际生产能力合理安排放牧强度，在草地退化、土地沙化区域实施禁牧封育等措施，已经呈现荒漠化倾向的草场，实施休牧围栏蓄草。土地荒漠化治理应把重点放在潜在沙漠化土地的预防上。湖区野生动植物资源丰富，为保护生物多样性，应建立自然保护区，设置保护措施，完善保护制度。

塔里木河在源头地区以涵养水源为主，开展天然林草的保护和建设，禁止开荒、毁林毁草和超载过牧；源流中下游和干流上中游以增加下游生态用水和促进地区经济可持续发展为目的，积极稳妥地进行产业结构调整，采取疏浚两侧天然沟道，辅以生态供水闸等工程措施，合理配置生态用水，并采取封育措施，加强天然林草管护力度，使干流上中游生态林草得到有效保护和恢复。干流下游和尾闾地区以遏制生态恶化趋势和逐步改善生态环境为目的，对衰老胡杨采取开沟输水、萌蘖更新复壮和种植人工林草等措施，使下游生态植被得到改善和恢复。

河西走廊地区的黑河、石羊河、疏勒河，源头地区以祁连山国家级自然保护区为依托，保护水源涵养林。实施退耕还林、还草、还荒，减少上游坡耕地。对天然草场，要进行围栏封育。下游地区极度干旱，大范围内以沙漠戈壁为其主要地貌形态，形成了以沙漠植被为主导的生态系统，要减少人为破坏，改善天然绿洲的水源补给状况，辅以必要的人工措施，增强当地生态系统的自我修复能力，并限制耗水量大的外来林草物种的引入，以利当地沙生植物群落的恢复。

天山北麓，艾比湖区的生态环境问题成为继塔里木河之后新疆的第二大生态热点，它严重威胁着艾比湖区和天山北坡经济带的可持续

艾比湖 *新疆水利厅供*

发展。新疆维吾尔自治区政府2000年6月批准建立艾比湖湿地自然保护区，范围是：博尔塔拉蒙古自治州境内的艾比湖湿地、湖滨洼地及周边地域，总面积2 649.7km²，其中包括水域、林地、疏林地、灌木林地、沙生灌丛、宜林地、草地和未利用地。艾比湖区域独特的荒漠生物多样性，构成了国内极端干旱区最具代表性的荒漠生态系统，保护区的建立对保护荒漠资源和古老物种，保存天然植物基因库，研究荒漠生态的起源、演变规律以及防止荒漠化具有十分重要的价值。建设该保护区，通过从伊犁河流域调水到艾比湖，保护湖周天然植被，维持湖水面积，将大大改善艾比湖的自然面貌和生态环境。天山北麓诸河下游是以沙漠植被为主导的生态系统，要减少人为破坏，改善天然绿洲的水源补给状况，增强当地生态系统的自我修复能力。

柴达木盆地诸河，要加强对野生动植物资源的保护，建立自然生态保护区。对部分地区天然草地实行封育管理，增强当地生态系统的自我修复能力。

西北内陆河位于绿洲与沙漠接壤地区，尾闾湿地的稳定，既是西北内陆河水系健康生命的重要标志，又是护卫天然绿洲与人工绿洲的生态屏障。西北内陆河尾闾湖泊湿地与人类的生存发展息息相关，是自然界最富生命活力的生态景观和人类最重要的生存环境之一。它不仅为人类的生产、生活提供了多种资源，而且具有巨大的环境功能和生态效益，具有其他系统不可替代的作用，加强尾闾地区的生态保护具有重要意义。主要保护措施就是减少人类活动的不良干预和影响，包括：首先要维持正常的水源补给。其次，保护与恢复滨湖绿洲及周边荒漠植被的自我修复功能，必要时可局部实施生态移民工程与自然保护区工程。例如已实施完成的黑河下游额济纳绿洲牧区移民工程，正在规划研究的石羊河下游民勤绿洲生态移民工程，2003年经国务院批准的黑河下游额济纳国家级胡杨林自然保护区工程，艾比湖湿地保护区工程，以及黑河东居延海湿地保护区工程等。再者，控制因人类活动造成的工业与生活污染。

第三节　限制人工绿洲的盲目扩张

西北内陆河地区大部分属于没有灌溉就没有农业的绿洲经济区，只要有水，扩大耕地面积就会使经济得到发展。截至2000年，西北内陆河地区耕地面积6 029万亩，其中农田灌溉面积4 608万亩，占耕地面积的76%。由于受自然条件的限制，90%以上的灌溉面积分布在新疆的诸多盆地和甘肃的河西地区。这些地区土地资源丰富，但是由于干旱条件下水资源的限制，天然绿洲和人工绿洲的用水始终存在矛盾，一个增加，另一个必然减少，一味地追求扩大耕地面积来发展西北内陆河地区经济，不仅破坏了绿洲自然生态系统，而且也使得绿洲经济发展不可持续，人工绿洲的安全也得不到保障。西北内陆河地区土地开发的现实已经说明，超过了水资源的承载能力，扩大耕地规模，并不能解决农业发展问题，反而带来生态环境的劣变。20世纪50年代以来，塔里木河上中游的大面积垦荒和无节制用水，使下游来水日趋减少，成为下游河道断流、尾闾湖泊干涸、地下水位下降、水质恶化、天然生态大面积死亡、野生动物数量和种群锐减、土地荒漠化，甚至沙尘暴频频发生的重要根源。黑河、石羊河、疏勒河、天山北麓诸河、柴达木盆地诸河的开发情况也大致如此。事实教育了人们，必须转变以往只注重人工绿洲的发展而忽视天然绿洲的存在，只注重土地开发而忽视生态环境保护的观念。因此，要统筹配置天然绿洲和人工绿洲水资源，以水源定发展，严格控制人工绿洲的大规模无序开发。西北内陆河绿洲经济必须从以扩大规模为主的外延发展模式向以提高生产效率为主的内涵发展模式转变。

以塔里木河、黑河、石羊河为例。为了改善生态环境，实现可持续发展，《塔里木河流域近期综合治理规划》和《黑河流域近期治理规划》均对中游人工绿洲规模进行了限制，要求不再扩大人工绿洲和发展灌溉面积。同时对于已建成平原水库和灌溉农田也进行了适当压缩，塔里木河规划近期大西海子水库退出农业灌溉系统用于生态供水，叶尔羌河上废除16座平原水库，并在干流现有耕地中实施退耕封育保护33万亩。黑河规划近期废弃8座平原水库，并在张掖市及金塔县鼎新灌区进行种植结构调整，32万亩农田改种林草。甘肃省正在研究编制的石羊河流域规划，也确定了限制并适度压缩中下游耕地规模的原则意见。

目前，内陆河地区的灌溉普遍存在灌区配套差、灌溉技术落后、用水效率不高等突出问题，不少地区仍采用大水漫灌方式进行灌溉。今后农田灌溉发展的重点是搞好现有灌区配套，现阶段重点搞好畦灌技术的推广，逐步实现先进灌溉技术的推广应用，节约水资源，控制人工绿洲的盲目无序扩张。必要时，应采取退耕还林还草措施。

第四节　节水型社会建设

《中华人民共和国水法》规定："国家厉行节约用水，大力推行节约用水措施，推广节约用水新技术、新工艺，发展节水型工业、农业和服务业，建立节水型社会。"

节水型社会是指人们在生活和生产过程中，在水资源开发利用的各个环节，贯穿对水资源的节约和保护意识，以完备的管理体制、运行机制和法律体系为保障，在政府、用水单位和公众的共同参与下，通过法律、行政、经济、技术、工程和非工程措施，结合经济社会结构调整，建立与水资源承载力相适应的经济结构体系，实现全社会用水在生产和消费上高效合理。建设节水型社会的核心是正确处理人和水的关系，通过水资源的高效利用、合理配置和有效保护，实现区域经济社会和生态的可持续发展。节水型社会的一项重要标志是河流生命健康，水资源得以合理高效利用，水环境得以有效保护，人与自然和谐相处。节水型社会包含三重相互联系的特征：效率、效益和可持续。效率是降低单位实物产出的水资源消耗量，效益是提高单位水资源消耗的价值量，可持续是水资源利用不以牺牲生态环境为代价。西北内陆河地区现状用水效率不高，用水效益较低，大部分地区已经超过水资源承载能力，维持西北内陆河健康生命必须紧紧抓住全面建设节水型社会这一根本措施。

西北内陆河地区生态环境极其脆弱，建设节水型社会是今后该区域发展的主题，一切发展都要量水而行，在节水中求发展。位于黑河流域的张掖市于2003年被水利部确定为全国第一个节水型社会建设试点，通过三年的建设，在大幅度削减用水量并完成黑河分水任务的情况下，促进了当地经济增长和社会稳定。张掖建设节水型社会的成功经验，成为西北内陆河地区建设节水型社会的有益借鉴。西北内陆河地区节水型社会建设应重点开展以下工作。

一、"双控"指标体系建设

确定水资源的宏观控制指标和微观定额指标，是建设节水型社会的第一步。水资源的宏观控制指标，用来明确各地区、各部门乃至各单位、各灌区的水资源使用权指标。宏观控制指标体系建设是水权制度建设、初始水权分配、水权管理的基础。水资源的微观定额指标，用来规定社会的每一项工作或产品的具体用水量，农业要确定不同作物的灌溉定额，工业要确定各行业万元产值的耗用水量，农村和城市生活用水要核定人均日耗用水量、牲畜日耗用水量。通过控制用水指标，提高水的利用效率，达到节水目标。西北内陆河地区要建立用水总量和用水定额指标体系，实施流域与区域相结合的以总量控制和定额管理为主要内容的用水管理。

二、明晰初始水权

建设节水型社会，必须明确初始用水权，开展流域、区域和用水户三个层次的初始水权分配。应查清流域"水账"，以水资源调查评价、水利工程与人类活动用水调查为基础，开展水资源规划工作。地方政府和流域管理机构在制定流域水资源规划时，要确定初始水权的分配。进行初始水权分配时，要确定基本生态水量，协调好上下游、左右岸及行政区划之间的关系，协调好城市和农村、工业和农业之间的关系，要注意调整经济结构和产业结构，优化水资源配置，提高水资源承载力。

基本生态水量是流域水资源中留给生态的最少水量，主要用于天然生态植被的良性维持，在下游人工绿洲之间能够保持相当规模的过渡带，不使绿洲直接受到沙漠化的威胁。对西北内陆河不同的河流而言，应针对不同流域及其下游生态的重要性，论证生态环境和尾闾湖泊需水量，并在初始水权分配时给予法律意义上的保障。

三、实行水资源评价制度

建设节水型社会，实行水资源评价制度，严格限制高耗水产业发展，通过优化用水结构促进经济结构和产业结构调整，建立与区域水资源承载力相适应的经济结构和产业结构体系。

四、水权转换

张掖的节水型社会建设率先开展了水权转换，要逐步推广到西北内陆河地区，逐步建立水权交易市场及其监管机制，引导水资源向高效率和高效益行业转移。

五、建设水资源配置和节水工程体系

以塔里木河、黑河、石羊河治理为契机，做好水资源配置工程体系建设，加快建设生态水利骨干工程。工程体系主要指以节约水资源、保护水环境为核心的各项工程建设。包括：骨干工程建设，如建设蒸发消耗少、供水效率高的山区水库以替代蒸发消耗大、供水效率低的平原水库；农田水利工程建设，如渠系衬砌以减少渗漏，土地平整以缩小灌溉田（畦）块，以及管灌、喷灌、滴灌等节水工程；工业节水工艺流程改造，如火电站的直流冷却改循环冷却、水冷改空冷等；污水处理回用工程建设、生态工程建设、水文测验设施建设、水环境监测设施建设、用水计量设施建设、水管理单位基本建设等。

六、建立政府调控、市场引导、公众参与的节水型社会管理体制

政府宏观调控主要表现在工作的组织领导和政策、资金支持，确定经济结构调整意见，确定初始水权分配方案，建立水价形成机制，保障生态环境用水等方面。市场引导就是引入市场机制，发挥市场对水资源配置的引导作用。建设节水型社会，公众参与是其成败的关键。各流域应成立用水者协会，参与水权、水价、水量的分配、管理和监督。

七、建立节水型社会的政策机制

要制定适应建设节水型社会的财政政策和产业政策。财政政策应有利于调节水资源的供求关系，优化配置水资源向全面建设节水型社会的方向倾斜。产业政策应有利于推动产业结构优化，促进经济快速、协调、健康发展。

第五节　强化经济杠杆作用

水资源是带有一定社会公益性的特殊商品，优化配置水资源和建设节水型社会除采取必要的宏观调控手段外，还要按照市场规律，采取经济手段，促使人们自觉调整水资源供求关系并引导产业结构调整。长期以来，西北内陆河地区节水主要依靠行政措施推动，经济手

段滞后。一方面水资源日益紧缺，供需矛盾突出；另一方面又因水价偏低，用户对节约用水缺乏积极性，水资源浪费严重。今后应强化经济杠杆作用，引导水资源的节约利用与优化配置。

一、因地制宜征收水资源费

《中华人民共和国水法》确立了水资源的有偿使用制度，缴纳水资源费成为取水人获得取水权的前提条件，从调节水资源供求关系看，征收水资源费是最重要的经济措施。西北内陆河地区要区分情况，因地制宜，积极准备，抓紧工作，尽快建立水资源有偿使用制度，开征水资源费。

西北内陆河地区水资源费的核算与征收应当遵循以下原则：征收标准与当地水资源条件和经济社会发展水平相适应。根据相关用水部门不同的承受能力，核算不同的水资源费征收标准，农业、生活用水水资源费征收标准应低于工业和商业用水水资源费征收标准。用水高峰期与低谷期、计划用水指标以内与超计划用水应制定不同征收标准。

二、建立合理的水价形成机制

西北内陆河地区现实农业用水中，无效的水利用仍然占有相当比重。一方面是水资源短缺，另一方面又用水浪费，主要原因是水资源管理机制本身存在弊端。长期以来，我国水资源配置采用计划经济手段，水价严重背离价值，不反映供求关系。水资源产权和水利工程产权不明晰，投资不讲回报，责权利没有明确规定，用水者没有因浪费水资源遭受损失，也没有通过节水获得利益。因此，水资源开发利用主体在水资源的使用上往往采取"取水最大化"的价值取向，建立合理的水价形成机制势在必行。

按照国家《水利产业政策》，合理核定供水水价。按满足运行成本和管理费用的原则，核定农业用水价格。根据满足运行成本、费用和合理利润的原则，核定工业和生活用水价格。在将水价纳入市场价格管理体系的同时，加强政府部门的宏观监管，建立市场机制与行政监管相结合的水价调整机制。水价要逐步到位，到位后的水价要根据供水成本和用户承受能力适时调整。建立"统一领导，分级管理"的水价管理体系，对不同用水部门实行分类水价，并实行季节水价、浮动水价，对超计划或超定额用水实行累进加价。强化用水的计量管理，逐步推行基本水价和计量水价相结合的两部制水价。新建供水工程，应按照补偿成本、合理收益、优质优价、公平负担的原则，在工程建设前由政府价格主管部门会同水行政主管部门进行供水价格核定，水价不落实的供水工程应不予审批。

第六节　强化水资源保护

西北内陆河水环境容量有限，随着经济社会的发展和排污量的增加，该地区水环境面临威胁。因此，采取行政、工程、经济、科技和法律等综合手段控制并减少废污水和污染物入河量，切实有效保护水资源，确保饮水安全与河湖洁净，应作为西北内陆河地区水资源管理和保护工作的重要任务。

依据划定的水功能区水质目标，确定河流纳污能力，实施入河污染物总量控制，水行政主管部门要强化对河流水域纳污能力使用和入河排污控制总量的监督管理。加快城市污水处理厂建设，建设污水资源化示范工程。加强并规范入河排污口管理，优化排污口布设。建立和完善联合治污机制，水利、环保等部门应对流域水资源和水环境保护工作进行统一规划、统一监测，并实现管理和监测基础信息的资源共享，建立起以流域和区域管理相结合、水利和环保管理相配合，多部门分工合作的水环境保护体制和工作机制。建设主要断面、取水口、排污口水质监测网络，提高水质监测能力，形成现代化监测体系。制定完善的水资源保护监督管理法规体系，确保水资源保护各项措施的落实和实施。

第七节　建立和完善法制体系

西北内陆河是事关当地社会安定、人民幸福乃至子孙后代发展空间的生命之河。西北内陆河的管理应建立完善的法制保障体系，为全社会的和谐发展提供保障。

由于历史的原因，西北内陆河的开发利用和管理长期缺乏完善的法制保障。主要表现在：其一，部分河流无序开发，缺乏以流域为单元的科学管理。其二，部分河流管理主要依靠行政手段，缺乏具有针对性的法律依据。其三，现有法制体系不够完善，可操作性不强，尚不足以从正反两方面激励守法者和惩办违法者，从而维护河流科学管理的权威性。

健全的法规体系是水资源长期、稳定、科学管理的基本保障。西北内陆河地区水资源管理必须建立健全法律法规支撑保障体系，按照《中华人民共和国水法》、《中华人民共和国水土保持法》等有关法律，建立和完善黑河、石羊河、青海湖等河流（湖泊）的水法规以及水管理和生态环境保护条例。将河流水资源的合理配置、节约保护、有效管理提升到法律法规的高度并形成结构完整、可控制、可操作的法规体系。加大水利执法力度，使河流由无序开发变为有序科学管理，由政府行政管理为主上升到依法管理为主。

2005年3月25日，新疆维吾尔自治区第十届人民代表大会常务委员会第十五次会议修订通过并颁布了《塔里木河流域水资源管理条例》，从而使塔里木河水资源的合理开发、利用、节约、保护和管理，维护生态平衡，确保塔里木河流域综合治理目标的实现和流域内国民经济和社会的可持续发展纳入了法制化的轨道。

2007年7月27日，甘肃省第十届人民代表大会常务委员会第三十次会议通过了《甘肃省石羊河流域水资源管理条例》，并于2007年9月1日起施行。该条例为整个石羊河流域的水资源合理配置、增加进入民勤绿洲的地表水资源量，进而缓解尾闾地区日益恶化的生态环境状况提供了有效的法律保障。

第八节　加大资金投入力度

由于历史和客观方面的原因，西北内陆河治理长期滞后，资金投入严重不足，"欠账"较多，基建规模较小，工程老化失修，运行维护困难。在新的历史时期，贯彻科学发展观，建设节水防污环保型的西北内陆河，更需要加大水利建设的资金投入力度和基本建设规模，为维持西北内陆河健康生命，支撑地区可持续发展，提供必要的物质条件。

西北内陆河地区经济基础薄弱，地方投资能力有限，而水利基础设施建设需要有较多的资金投入。按照公共财政制度的要求，充分发挥政府对水利工程建设投资的主渠道作用，调动中央和地方积极性，国家应加大西北内陆河地区水利建设的资金扶持与投入力度，各级政府预算内用于水利建设的资金要随着经济发展逐步增加。对西北内陆河地区为改善公共环境、资源节约利用而缺少投资回报的社会公益性项目，政府应在公共财政中合理安排。2001年国务院批准实施的《黑河流域近期治理规划》和《塔里木河流域近期综合治理规划》，分别投资27亿元（包括东风场区近期治理规划3.49亿元）和107亿元，主要由中央进行投资，已经收到了改善生态环境、促进地区可持续发展的良好效果，成为西北内陆河综合治理的成功范例。

第九节　让维持西北内陆河健康生命成为全社会的共识和自觉行动

维持西北内陆河健康生命，实现人与自然和谐相处是我国建设和谐社会的重要内容，功在当代，泽被后世。同时，这又是一项艰巨复杂，需要国家、社会和千家万户共同参与的伟大社会变革，必须扩大宣传，加强社会教育，使维持西北内陆河健康生命的理念深入人心。

开展多种形式的宣传，教育民众节约水资源，爱护善待西北内陆河。要充分发挥新闻媒体的舆论导向和监督作用，表扬保护河流生命和生态环境的好人好事，批评监督破坏河流健康生命和生态环境的不良行为，形成一种以维护河流健康生命为荣，危害河流健康生命为耻的道德风尚和社会氛围。

利用国家和社会力量，尤其是一切教育资源，教育儿童和青少年乃至社会全体成员节约用水。要求当地国家机关、社会团体、法人制定节水公约，积极参与到维持当地内陆河健康生命的公众行动中去。要从国家、团体、个人各个层面和法律、道德、民俗规约等方面达成共识，形成合力，让维持西北内陆河健康生命成为当地各族人民的共同意志和自觉行动。

参考文献

[1.1] 本书"附表"及说明.

[1.2] 新疆维吾尔自治区人民政府，中华人民共和国水利部．塔里木河流域近期综合治理规划报告[M]．北京：中国水利水电出版社，2002．

[1.3] 黄河流域(片)水资源综合规划编制工作组．西北诸河水资源及其开发利用调查评价简要报告[R]．黄河勘测规划设计有限公司，2005．

[1.4] 黄河勘测规划设计有限公司，甘肃省酒泉市水利水电勘测设计院．黑河流域水资源开发利用保护规划(中西部水系)[R]．黄河勘测规划设计有限公司，2005．

[1.5] 中华人民共和国水利部．黑河流域近期治理规划[M]．北京：中国水利水电出版社，2002．

[1.6] 新疆文物考古研究所，克拉玛依文化局．新疆克拉玛依市细石器遗存[J]．新疆文物，1996(2)．

[1.7] 张玉忠．新疆考古述略[J]．考古，2006(6)．

[1.8] 李肖．交河古城的形制布局[M]．北京：文物出版社，2003．

[1.9] 吴传钧．中国经济地理[M]．北京：科学出版社，1998．

[1.10] 人民网．丝绸之路．人民网，2000-10-18．

[1.11] 谷苞．西北通史(第二卷)[M]．兰州：兰州大学出版社，2005．

[1.12] 谷苞．西北通史(第三卷)[M]．兰州：兰州大学出版社，2005．

[1.13] 谷苞．西北通史(第四卷)[M]．兰州：兰州大学出版社，2005．

[2.1] 刘东生，李泽椿，丁仲礼，等．西北地区自然环境演变及其发展趋势[M]．北京：科学出版社，2004．

[2.2] 张天曾．中国水利与环境[M]．北京：科学出版社，1990．

[2.3] 董正钧．居延海[M]．北京：中华书局，1952．

[2.4]　地图出版社．中国分省地图[M]．北京：地图出版社，1959．

[2.5]　[俄]鲍戈亚夫斯基．长城外的中国西部地区[M]．新疆大学外语系俄语教研室译．北京：商务印书馆，1980．

[3.1]　黄河水利科学研究院．黑河下游额济纳地区生态综合整治技术研究[R]．黄河水利委员会黄河水利科学研究院，2004．

[3.2]　司志明．西部大开发中的西北水利发展和新疆水利建设[R]//中国科协2005年学术年会水利分会场报告．水利部水利水电规划设计总院，2005．

[3.3]　王根绪，程国栋，徐中民．中国西北干旱区水资源利用及其生态环境问题[J]．自然资源学报，1999，14(2)．

[3.4]　中国科学院地学部．关于21世纪初期加快西北地区发展的若干建议[J]．地球科学进展，2001(1)．

[3.5]　青海自然灾害编纂委员会．青海自然灾害[M]．西宁：青海人民出版社，2002．

[3.6]　汪恕诚．资源水利——人与自然和谐相处(修订版)[M]．北京：中国水利水电出版社，2003．

[3.7]　朱耀琪．确保额济纳旗用水，兼顾发展黑河灌溉农业[R]//内蒙古自治区额济纳旗生态环境治理的调研报告．国土资源部咨询研究中心，2000．

[3.8]　张晓伟，张永明，沈清林，等．从甘肃民勤生态危机反思石羊河流域水资源利用模式[J]．西北水力发电，2005(1)．

[3.9]　金卫星，殷耀，刘军．西部"水荒"警示录[N]．人民日报海外版，2002-12-3．

[3.10]　热合木都．人类环境资源的劣化及其防治对策：以中国新疆维吾尔自治区为例[J]．干旱区研究，2000，17(1)．

[3.11]　吴晓军．河西走廊内陆河流域生态环境的历史变迁[J]．兰州大学学报，2000(4)．

[3.12]　冯绳武．河西黑河（弱水）水系变迁[J]．地理研究，1998(1)．

[3.13] 邓铭江. 塔里木河下游应急输水与生态修复监测评估研究 [R]// 中国水情分析研究报告. 水利部水利水电规划设计总院，2004(12).

[3.14] 周长进，董锁成，李岱. 疏勒河流域水化学特征及保护 [J]. 水利水电科技进展，2004(2).

[3.15] 黄河水利委员会上游水文水资源局水质监测中心. 黑河水质污染总体呈加重趋势[OL]. 中国水利网，2005-04-30.

[3.16] 张洞若. 石羊河——难以忘却的"生态课" [N]. 甘肃日报，2003-06-26.

[3.17] 文伟. 近50年我国的强沙尘暴情况一览 [J]. 绿色瞭望，2006(5).

[3.18] 廖晓义，赵英杰，王晓耕. 近50年我国的强沙尘暴 [J]. 草根之声，2006(4).

[3.19] 阿拉善生态协会. 万里长征第一步[N]. 中国贸易报，2005-06-23.

[3.20] 石玉林，任阵海，雷志栋，等. 西北地区土地荒漠化与水土资源利用研究 [M]. 北京：科学出版社，2004.

[3.21] 程旭学. 甘肃省石羊河流域生态综合治理的必要性与紧迫感 [J]. 甘肃农业，2005(7).

[3.22] 肖敏，刘泉龙，姜雪城. 塔里木河下游生态灾难积重难返[OL]. 新华网，2004-09-12.

[4.1] "理论之光"赴甘肃民勤考察队. 环境与经济协调发展对构建和谐社会的启示 [OL]. 百度网，2005-07-23.

[4.2] 新疆统计局. 新疆统计年鉴 [M]. 北京：中国统计出版社，2001.

[4.3] 甘肃统计局. 甘肃统计年鉴 [M]. 北京：中国统计出版社，2001.

[4.4] 黄河流域(片)水资源综合规划编制工作组. 西北诸河水资源综合规划需水预测成果 [R]. 黄河勘测规划设计有限公司，2006.

[4.5] 陈志恺. 人口、经济和水资源的关系[R]//中国水情分析研究报告. 水利部水利水电规划设计总院，2000.

[5.1] 江泽民. 保护环境，实施可持续发展战略[M]//江泽民文选(第一卷). 北京：人民出版社，2006.

[5.2] 胡锦涛. 在中央人口资源环境工作座谈会上的讲话. 人民日报,
      2004-04-05.

[5.3] 水利部发展研究中心课题组. 在实践中不断丰富和发展新的治
      水思路. 水利部发展研究中心《参阅报告》第82期, 2007.

[5.4] 第二届黄河国际论坛. 维持河流健康生命——黄河宣言[J]. 人
      民黄河, 2005(11).

[6.1] 钱正英, 沈国舫, 潘家铮, 等. 西北地区水资源配置生态环境
      建设和可持续发展战略研究[M]. 北京: 科学出版社, 2004.

资料链接

说明

在2002年至2006年开展的全国水资源综合规划工作中，黄河水利委员会组织牵头的"黄河流域(片)水资源综合规划"编制工作组于2005年编制提出了《西北诸河水资源及其开发利用调查评价简要报告》（见本书"参考文献"[1.3]）。该成果在对西北诸河进行水资源区划工作的基础上，以水资源二级区和三级区为单元，系统提出了该地区自然地理与经济社会的统计、调查、评价成果，完成了一系列统计调查表格和图件(以下简称"区划成果")。

本书所述西北内陆河属于全国水资源区划工作中"西北诸河"之一部分。通过建立"西北内陆河地区主要河流"与上述"区划成果"的比照对应关系（见本书附表1与附图1），将《西北诸河水资源及其开发利用调查评价简要报告》的附表、附图移植过来，附于书后，故本书附表、附图实为调整形式后的"区划成果"（且限于以水资源二级区和三级区为单元）。有关问题进一步说明如下：

（1）为了内容的需要，附表1建立了西北内陆河地区主要河流与西北诸河水资源分区的对应关系。其中，塔里木河对应于四个完整二级区；天山北麓诸河、柴达木盆地诸河各对应于一个完整二级区；疏勒河、黑河、石羊河各对应于一个完整三级区。本书"青海湖"水系仅指青海湖区及以湖区为容泄区的环湖诸河，有别于水资源"区划成果"中"青海湖三级区"，后者包括青海湖、哈拉湖和沙珠玉河三个独立水系，故本书"青海湖"仅对应于水资源区划中"青海湖三级区"的一部分。

（2）黑河早于2001年已按子水系分别开展了流域治理规划，部分规划业经批准且已实施。后来开展并编制的"区划成果"与前述2001年规划成果存在并保留了一定差异。本书有关专述黑河的章节采用了2001年流域规划成果，因此与"区划成果"存在一定差异。

（3）西北内陆河地区统计资料，以及塔里木河、天山北麓诸河、柴达木盆地诸河、疏勒河、石羊河全流域统计资料均采用"区划成果"。而对应于水资源三级区以下子水系的有关资料，则为本书编写时另行调查与收集，其中包括青海湖。

附表目录

附图目录

附表1　西北内陆河地区河湖水系与西北诸河水资源区划对照表

序号	主要河湖水系	子水系（重要支流）	二级区	三级区	分区名称	总面积（万km²）	总人口（万人）	GDP（万元）	水资源总量（万m³）
1	塔里木河	全流域合计				100.26	859.49	3790767	3692721
		其中：北西源流诸河	K100000		塔里木河源流	42.94	794.07	3621400	3199445
		南东源流诸河	K110000		昆仑山北麓小河	19.66	46.18	116886	489209
		干流区	K120000		塔里木河干流	3.16	19.24	52481	3523
		荒漠区	K130000		塔里木盆地荒漠区	34.50			544
2	天山北麓诸河	全流域合计	K090000			14.89	517.62	7374557	1152803
		其中：艾比湖水系		K090300	艾比湖水系	4.98	97.35	1142955	457839
		中段诸河		K090200	中段诸河	8.14	375.27	5857853	584370
		东段诸河		K090100	东段诸河	1.77	45.00	373749	110594
3	柴达木盆地诸河	全流域合计	K040000			27.51	32.51	518322	576011
		其中：西部诸河		K040200	柴达木盆地西部	19.51	17.13	435487	375637
		东部诸河		K040100	柴达木盆地东部	8.00	15.38	82835	200374
4	青海湖	青海湖全区合计		K030000	青海湖	4.60	13.94	72981	299837
		其中：哈拉湖、沙珠玉河							
		青海湖							
5	疏勒河	全流域合计		K020300	疏勒河	12.45	51.72	458216	136920
		其中：干流							
		党河							
6	黑河	全流域合计		K020200	黑河	15.17	200.62	1171450	371973
		其中：东部子水系							
		中西部子水系							
7	石羊河	全流域合计		K020100	石羊河	4.16	225.26	958777	177569
		其中："大靖河"水系及干流							
		"六河"水系及西大河水系							
8	其他水系	其他水系合计				40.39	139.76	1260725	396606
		其中：8-1：乌伦古河		K060200	乌伦古河	2.54	16.29	75129	101320
		8-2：吉木乃诸小河		K060300	吉木乃小河	0.77	3.62	27164	16577
		8-3：古尔班通古特荒漠		K080000	古尔班通古特荒漠区	8.51			873
		8-4：吐鲁番盆地诸河		K050300	吐鲁番盆地	3.64	55.34	628390	125648
		8-5：哈密盆地诸河		K050200	哈密诸河	4.07	37.72	306306	56952
		8-6：巴伊盆地诸河		K050100	巴伊盆地	5.65	12.20	50972	68103
		8-7：阿拉善右旗诸河		K020400	河西荒漠区	15.21	14.59	172764	27133
		8-8：哈拉湖、沙珠玉河		K030000	K030000青海湖三级区之一部分				
	西北内陆河地区总计					219.43	2040.92	15605795	6804440

注：总人口、GDP为2000年统计数，水资源总量为1956～2000年多年平均数。

附表2 西北内陆河地区1956～2000年降水量特征值表

主要河湖水系	西北内陆河地区河湖水系 子水系（重要支流）	面积（万km²）	年降水量 mm	年降水量 亿m³	Cv	Cs/Cv	不同频率年降水量（mm） 20%	50%	75%	95%
1 塔里木河	全流域合计	100.26	200.4	860.6	0.27	2.0	243.9	195.6	161.8	120.4
	其中：北西源流诸河	42.94	109.9	216.0	0.39	2.0	143.4	104.4	78.8	50.1
	南东源流诸河	19.66	41.3	13.1	0.42	2.0	54.8	38.9	28.7	17.5
	干流区	3.16	18.8	64.7	0.35	2.0	24.0	18.0	14.0	9.4
	荒漠区	34.50								
2 天山北麓诸河	全流域合计	14.89	293.5	146.2	0.26	2.0	355.9	286.8	238.3	178.9
	其中：西段艾比湖水系	4.98	273.7	222.9	0.23	2.0	324.1	269.0	229.6	180.1
	中段诸河	8.14	186.1	33.0	0.15	2.0	209.0	184.7	166.7	142.9
	东段诸河	1.77								
3 柴达木盆地诸河	全流域合计	27.51	92.1	179.8	0.31	2.0	115.1	89.2	71.4	50.3
	其中：西部诸河	19.51	164.8	131.9	0.23	2.0	195.1	162.1	138.5	108.8
	东部诸河	8.00	318.3	146.5	0.17	2.0	362.7	315.2	280.3	234.8
	青海湖全区合计、沙珠玉河 其中：哈拉湖、沙珠玉河	4.60								
4 青海湖	青海湖	12.45	108.5	135.1	0.23	2.0	128.8	106.6	90.8	70.9
5 疏勒河	全流域合计 其中：干流 党河	15.17	125.9	190.9	0.15	2.0	141.4	124.9	112.7	96.5
6 黑河	全流域合计 其中：东部子水系 中西部子水系	4.16	215.5	89.6	0.16	2.0	244.2	213.6	191.0	161.4
7 石羊河	全流域合计 其中：大靖河水系 "六河"水系及干流 西大河水系									
8 其他水系	其他水系合计	40.39	177.9	45.1	0.28	2.0	218.2	173.2	142.0	104.2
	其中：8-1：乌伦古河	2.54	187.0	14.3	0.25	2.0	224.2	183.2	154.3	118.3
	8-2：吉木乃诸小河	0.77	62.1	52.9	0.25	2.0	74.6	60.8	51.0	39.0
	8-3：古尔班通古特荒漠	8.51	94.8	34.5	0.34	2.0	120.0	91.3	71.8	49.2
	8-4：吐鲁番盆地诸河	3.64	75.3	30.6	0.24	2.0	89.8	73.8	62.5	48.4
	8-5：哈密盆地诸河	4.07	80.6	45.5	0.23	2.0	95.7	79.1	67.3	52.5
	8-6：巴伊盆地诸河	5.65	109.1	166.0	0.29	2.0	134.4	106.1	86.6	63.0
	8-7：阿拉善左右旗诸河	15.21								
	8-8：哈拉湖、沙珠玉河									
西北内陆河地区总计		219.43								

附表3　西北内陆河地区水面蒸发量表

西北内陆河地区河湖水系	主要河湖水系	站名	1956～1979年(mm)	1980～2000年(mm)	相差(%)
1	塔里木河	温宿（气）	1209.1	1120.8	-7.9
		且末（气）		1479.1	
		新渠满		1513.8	
		铁干里克（气）		1615.6	
2	天山北麓诸河	额敏（气）	1051.1	1064.8	
		乌鲁木齐（气）	1564.0	1075.3	-45.4
3	柴达木盆地诸河	芒崖	1887.1	1763.9	-7.0
		冷湖	2139.9	1988.5	-7.6
		大柴旦	1419.9	1389.7	-2.2
		格尔木	1736.6	1494.7	-16.2
		纳赤台站	1415.7	1202.9	-17.7
		茶卡	1399.5	1200.6	-16.6
		诺木洪	2030.5	1331.5	-52.5
		德令哈（三）站	1572.1	1073.9	-46.4
		香日德站	1314.8	1017.0	-29.3
4	青海湖	天峻	1147.5	1018.4	-12.7
		沙陀寺	975.8	957.7	-1.9
		黑马河	1083.7	953.9	-13.6
5	疏勒河	敦煌	1589.2	1583.5	-0.4
		安西	2051.3	1813	-13.1
		酒泉	1393.7	1228.3	-13.5
		托勒	972.3	889.9	-9.3
		额济纳	2486.9	2097.3	-18.6
6	黑河	拐子湖	2673.6	2777.3	3.7
		野牛沟	885.7	751.0	-17.9
		肃南	1188.5	1073.5	-10.7
		张掖	1331.5	1257.8	-5.9
		祁连	999.2	897.0	-11.4
7	石羊河	武威	1609.4	1232.2	-30.6
		一台	957.3	938.9	-2.0
8	其他水系	哈密（气）	1975.3	1528.2	-29.3

附表4　西北内陆河地区主要水文站（1956~2000年系列）天然年径流量特征值表

主要内陆河水系（子水系、主要支流）	水文站	所在水系	西北内陆河地区河源区三级区	最大 经流量（亿m³）	最大 出现年份	最小 经流量（亿m³）	最小 出现年份	多年平均 经流量（亿m³）	多年平均 经流深（mm）	C_v	C_s/C_v	20%	50%	75%	95%
1　塔里木河水系	同古孜洛克	和田河	和田河	37.13	1961	12.24	1965	22.14	151.9	0.25	2.5	26.55	21.57	18.16	14.12
	乌鲁瓦提	和田河	和田河	31.79	1994	12.25	1965	21.47	107.4	0.2	3.0	25.22	20.95	18.16	14.68
其中:北水南调诸河	卡群	叶尔羌河	叶尔羌河	95.53		44.68	1965	65.45	130.3	0.16	2.0	76.14	64.58	56.21	45.51
	西大桥（实测）	阿克苏河	喀什噶尔河	27.24	1998	14.43	1974	20.95	152.9	0.18	2.0	23.71	20.77	18.6	15.76
南疆源流诸河	协合拉	阿克苏河	阿克苏河	91.9	1956	49.17	1957	62.34	144.6	0.18	6.0	70.73	60.36	54.11	47.89
	黑孜	阿克苏河	阿克苏河	69.91	1997	36.44	1972	48.16	375.8	0.28	4.5	54.64	46.63	41.8	37
干流区	土山口	渭干河	渭干河	5.24	1991	1.97	1967	3.2	95.8	0.18	6.0	3.85	3.02	2.54	2.11
	努努买和提兰干	开都河	开都孔雀河内陆河	50.43	2000	24.6	1986	34.2	179.8	0.2	4.0	38.8	33.11	29.68	26.27
荒漠区	且末	开都河	车尔臣河	8.42	1966	2.95	1963	5.04	18.8	0.24	4.5	5.92	4.92	4.24	3.44
	无		塔里木干流区	69.59	1978	25.58	1993	46.54	—	0.25	2.0	55.94	45.57	38.26	29.19
2　天山北麓诸河	博乐	艾比湖	艾比湖水系	6.39	1960	3.57	1976	4.73	71.4	0.15	4.5	5.29	4.65	4.22	3.72
其中:西段 文比湖诸河	青南克特	天山北麓中段	天山北麓中段	20.19	1999	9.36	1992	12.19	262.2	0.18	7.0	13.78	11.74	10.58	9.51
东段诸河	白杨河	白杨河	天山北麓东段	0.87	1991	0.43	1984	0.64	254.2	0.20	2.0	0.75	0.63	0.55	0.45
3　柴达木盆地诸河	格尔木	格尔木河	柴达木盆地西南部	16.35	1989	5.48	1963	7.66	41.1	0.23	2	9.09	7.53	6.41	5.01
其中:西部诸河	鱼卡桥	巴音河	柴达木盆地西南部	1.55	1989	0.43	1956	0.94	44	0.32	2	1.18	0.91	0.72	0.51
东部诸河	德令哈	巴音河	柴达木盆地东部	5.57	1989	2.34	1995	3.32	45.5	0.18	2	3.81	3.28	2.9	2.4
	香日德	香日德河	柴达木盆地东部	8.07	1983	2.45	1961	4.53	36.7	0.35	2	5.78	4.35	3.39	2.27
4　青海湖 哈拉湖、沙珠玉河	布哈河口	青海湖	青海湖环湖区	19.54	1989	2.06	1973	7.83	54.6	0.48	2.5	10.58	7.09	5.07	3.16
5　疏勒河	昌马堡	疏勒河	疏勒河	14.00	1972	4.13	1956	8.71	79.4	0.22	2.5	10.3	8.55	7.35	5.85
其中:中、下游	沙枣园	疏勒河	疏勒河	3.65	1982	2.42	1990	2.94	17.3	0.08	2	3.14	2.93	2.78	2.57
上游	密城湾	疏勒河	疏勒河	5.01	1994	2.85	1956	3.52	24.6	0.15	2.5	3.96	3.49	3.15	2.72
6　黑河	莺落峡	黑河	黑河	23.1	1989	11.06	1973	15.97	159.6	0.15	2.5	17.9	15.8	14.3	12.3
其中:东部子水系	正义峡	黑河	黑河	15.73	1989	5.13	1997	10.1	28.3	0.25	2.5	12.1	9.84	8.28	6.44
中西部诸河	鼎新镇	黑河	黑河	3.29	1983	1.26	1968	2.14	95.5	0.24	2	2.55	2.09	1.77	1.39
	朱宝头	黑河	黑河	7.54	1972	3.02	1997	4.518	94.1	0.21	2.0	5.30	4.45	3.84	3.08
7　石羊河	大靖峡	石羊河	石羊河	0.334	1958	0.006	1991	0.106	27.2	0.67	2.0	0.157	0.091	0.053	0.021
	杂木寺	石羊河	石羊河	4.98	1958	1.42	1965	2.37	278.6	0.25	2.5	2.85	2.31	1.94	1.51
"六河"水系及 干流	石羊堡	石羊河	石羊河	4.75	1967	0.48	1999	2.24	33	0.49	2.0	3.08	2.07	1.44	0.79
	红崖山水库	石羊河	石羊河	5.24	1958	0.66	1999	2.59	18.2	0.45	2.0	3.49	2.42	1.74	1.02
西大河诸河	西大河水库	石羊河	石羊河	2.61	1989	0.97	1962	1.57	199.7	0.23	2.0	1.87	1.55	1.32	1.03
8　其他水系	一台	乌伦古河	8-1、乌伦古河	21.26	1969	3.4	1974	10.55	57.4	0.46	2	14.27	9.82	7.01	4.02
8-2、古尔班通古特荒漠区	碟嘴沟		8-3、古尔班通古特荒漠区	1.21	1990	0.48	1985	0.805	167.5	0.22	2.5	0.948	0.789	0.679	0.544
8-4、哈密盆地荒漠区	白台		8-5、哈密盆地荒漠区	0.84	1961	0.247	1962	0.515	119.5	0.35	2.0	0.657	0.494	0.385	0.259
8-6、巴里坤盆地诸河	南子峡		8-6、巴里坤盆地诸河	1.16	1999	0.47	1956	0.61	57.5	0.26	6.0	0.74	0.59	0.51	0.45
8-7、阿拉善左右额济纳河　8-8、哈拉湖、沙珠玉河	无														

附表5 西北内陆河地区1956～2000年地表水资源量特征值表

序号	主要河湖水系	子水系（重要支流）	计算面积（万km²）	均值（万m³）	统计参数 C_V	统计参数 C_S/C_V	不同频率天然年径流量（亿m³） 20%	50%	75%	95%
1	塔里木河	全流域合计	100.26	3489826	0.12	4.5	332.64	300.08	277.35	249.55
		其中：北西源流诸河	42.94	3033460						
		南东源流诸河	19.66	455822	0.14	5.0	50.62	44.84	40.97	35.50
		干流区	3.16	544	0.68	2.5	0.08	0.04	0.03	0.02
		荒漠区	34.50							
2	天山北麓诸河	全流域合计	14.89	1055728	0.12	7.0	115.40	103.82	96.35	88.16
		其中：西段艾比湖水系	4.98	421866	0.11	4.0	45.96	41.85	38.90	35.18
		中段诸河	8.14	535143	0.12	8.0	58.41	52.50	48.82	44.96
		东段诸河	1.77	98719	0.22	2.5	11.62	9.67	8.32	6.67
3	柴达木盆地诸河	全流域合计	27.51	485694	0.18	2.5	55.49	47.95	42.54	35.70
		其中：西部诸河	19.51	319435	0.16	2.0	36.15	31.67	28.36	24.03
		东部诸河	8.00	166259	0.19	2.0	19.21	16.43	14.40	11.79
4	青海湖	青海湖区：哈拉湖、沙珠玉河	4.60	222217	0.27	2.5	26.98	21.55	17.89	13.63
5	疏勒河	全流域合计	12.45	132484	0.14	2.0	14.78	13.16	11.95	10.35
6	黑河	全流域合计	15.17	349398	0.14	2.0	38.98	34.71	31.53	27.30
7	石羊河	全流域合计	4.16	157423	0.18	2.0	18.06	15.57	13.75	11.39
8	其他水系	其他水系合计	40.39	313197						
		其中：8-1：乌伦古河	2.54	88341	0.44	2.0	11.83	8.27	6.00	3.55
		8-2：吉木乃诸小河	0.77	11790	0.24	4.5	1.39	1.13	0.97	0.81
		8-3：古尔班通古特荒漠	8.51	873	0.32	2.5	0.11	0.08	0.07	0.05
		8-4：吐鲁番盆地诸河	3.64	105600	0.17	6.0	11.92	10.26	9.24	8.21
		8-5：哈密盆地诸河	4.07	45820	0.22	2.5	5.39	4.49	3.86	3.10
		8-6：巴里坤盆地诸河	5.65	57524	0.18	2.0	6.60	5.69	5.02	4.16
		8-7：阿拉善左右旗诸河	15.21	3249	0.28	2.0	0.40	0.32	0.26	0.19
	西北内陆河地区总计		219.43	6205967						

附表6　西北内陆河地区地下水（M<2g/L）资源量成果表（1980~2000年）

（单位：面积，km²，水量，万m³）

主要河湖水系	子系名（重要支流）	计算面积	山丘区计算面积	山丘区地下水资源量	山丘区其中：河川基流量	平原区计算面积	降水入渗补给量	山前侧向补给量	地表水体补给量合计	其中河川基流量形成的	其他补给量	平原区地下水资源量	计算分区地下水资源量	山丘区与平原区之间的重复计算量
1 塔里木河	全流域合计	563880	354631	1569924	1402606	209249	41828	159383	1725186	657013	—	1926397	2679925	816396
	其中：北西源流诸河	365369	257288	1412496	1270419	108081	27943	132469	1362629	602389	—	1523041	2200679	734858
	南东源流诸河	179681	97343	157428	132187	82338	9657	24906	179713	54624	—	214276	292174	79530
	干流区	18830	—	—	—	18830	4228	2008	182844	—	—	189080	187072	2008
	荒漠区	—	—	—	—	—	—	—	—	—	—	—	—	—
2 天山北麓诸河	全流域合计	147693	76076	420961	320244	71617	24363	78994	301723	104315	—	405080	642732	183309
	其中：西段及艾比湖水系	48720	28641	203149	165756	20079	8517	27892	112377	50039	—	148786	274004	77931
	中段诸河	81301	41442	163451	116627	39859	10420	35849	159557	45281	—	205826	288147	81130
	东段诸河	17672	5993	54361	37861	11679	5426	15253	29789	8995	—	50468	80581	24248
3 柴达木盆地诸河	全流域合计	176416	138801	301168	222068	37615	12026	71800	216793	146077	—	300619	383910	217877
	其中：西部诸河	116771	91050	193466	141786	25721	4850	44380	132546	94771	—	181776	236091	139151
	东部诸河	59645	47751	107702	80282	11894	7176	27420	84247	51306	—	118843	147819	78726
4 青海湖	青海湖全区合计	42410	32742	114016	57229	9668	20064	56787	47554	26163	—	124405	155471	82950
	其中：哈拉湖、沙珠玉河	—	—	—	—	—	—	—	—	—	—	—	—	—
5 疏勒河	全流域合计	97052	86589	76627	75447	10463	3307	1180	98383	51967	—	102870	126350	53147
	其中：干流	—	—	—	—	—	—	—	—	—	—	—	—	—
	党河	—	—	—	—	—	—	—	—	—	—	—	—	—
6 黑河	全流域合计	71917	37540	159800	147494	34377	14384	12320	214125	97657	—	240829	290652	109977
	其中：东部子水系	—	—	—	—	—	—	—	—	—	—	—	—	—
	中西部子水系	—	—	—	—	—	—	—	—	—	—	—	—	—
7 石羊河	全流域合计	22338	14691	79706	64748	7647	5317	12750	74121	31482	4501	96689	132163	44232
	其中："大靖河"水系及干流	—	—	—	—	—	—	—	—	—	—	—	—	—
	西大河水系	—	—	—	—	—	—	—	—	—	—	—	—	—
8 其他水系	其他水系合计	237311	106051	179815	119975	131260	34038	49959	118127	42068	434	202558	290346	92027
	其中：8-1：乌伦古河	24395	9919	26199	22475	14476	13523	2325	40241	9171	—	56089	70792	11496
	8-2：吉木乃诸小河	7656	3327	3879	2300	4329	3474	1523	8249	1880	—	13246	13722	3403
	8-3：古尔班通古特沙漠	—	—	—	—	—	—	—	—	—	—	—	—	—
	8-4：吐鲁番盆地诸河	36245	14487	68631	45783	21758	566	19347	38107	13600	—	58020	93704	32947
	8-5：哈密盆地诸河	39403	15912	37047	26094	23491	1057	9861	16667	9232	—	27585	45539	19093
	8-6：巴丹吉林诸河	56420	23321	32955	22994	33099	2987	7897	14777	8185	—	25661	42534	16082
	8-7：阿拉善东左巴腾诸河	73192	39085	11104	329	34107	12431	9006	86	—	434	21957	24055	9006
	8-8：哈拉湖、沙珠玉河	—	—	—	—	—	—	—	—	—	—	—	—	—
西北内陆河地区总计		1359017	847121	2902017	2409811	511896	155327	443173	2796012	1156742	4935	3399447	4701549	1599915

附表7　西北内陆河地区多年平均地下水（M<2g/L）可开采量表（1980～2000年）

（单位：面积，km²；水量，万m³；模数，万m³/km²）

西北内陆河地区河湖水系		平原区				山丘区				可开采量
主要河湖水系	子水系（重要支流）	计算面积	地下水总补给量	可开采量	可开采模数	计算面积	地下水资源量	可开采量	可开采模数	
1　塔里木河	全流域合计	209249	1937821	905195	4	354631	1569324			905195
	其中：北西源流诸河	108081	1534022	834428	8	257288	1412496			834428
	南东源流诸河	82338	214524	23464	3	97343	157428			23464
	平流区	18830	189275	47303						47303
	荒漠区									
2　天山北麓河	全流域合计	71617	425707	281131	4	76076	420961			281131
	其中：西段艾比湖水系	20079	151328	94249	5	28641	203149			94249
	中段诸河	39859	215471	148108	4	41442	163451			148108
	东段诸河	11679	58908	38774	3	5993	54361			38774
3　柴达木盆地诸河	全流域合计	37615	300698	150349	4	138801	301168			150349
	其中：西部诸河	25721	181776	90888	4	91050	193466			90888
	东部诸河	11894	118922	59461	5	47751	107702			59461
	青海湖全区合计	9668	124405	62203	6	32742	114016			62203
	其中：哈拉湖、沙珠玉河									
4　青海湖	青海湖	10463	105186	39973	4	86589	76627			39973
5　疏勒河	全流域合计	34377	249311	135493	4	37540	159800			135493
	其中：干流									
	党河									
6　黑河	全流域合计	7647	120283	84147	11	14691	79706			84147
	其中：东部子水系									
	中西部子水系									
7　石羊河	全流域合计									
	其中：大靖河水系									
	“六河”水系及干流									
	西大河水系及干流									
8　其他水系	其他水系合计	131260	217821	133662	1	106051	179815			133662
	其中：8－1：乌伦古河	14476	56565	26395	2	9919	26199			26395
	8－2：吉木乃诸小河	4329	13437	6049	1	3327	3879			6049
	8－3：古尔班通古特荒漠									
	8－4：吐鲁番盆地诸河	21758	68482	50551	2	14487	68631			50551
	8－5：哈密盆地诸河	23491	30778	22114		15912	37047			22114
	8－6：巴伊金盆地诸河	33099	26348	15208		23321	32955			15208
	8－7：阿拉善左旗诸河	34107	22211	13345		39085	11104			13345
	8－8：哈拉湖、沙珠玉河									
西北内陆河地区总计		511896	3481232	1792153	4	847121	2902017			1792153

注：平原区地下水总补给量含井灌回归水量。

附表8　西北内陆河地区1956～2000年多年平均水资源总量表

（单位：万m³）

主要河湖水系	子水系（重要支流）	地表水资源量	山丘区 降水入渗补给量	山丘区 降补形成的河道排泄量	平原区 降水入渗补给量	平原区 降补形成的河道排泄量	地下水资源量与地表水资源量间不重复计算量	水资源总量
1 塔里木河	全流域合计	3489826	1536179	1368861	36112	535	202895	3692721
	其中：北西源流诸河	3033460	1376251	1234174	24244	336	165985	3199445
	南东源流诸河	455822	159928	134687	8146		33387	489209
	干流区				3722	199	3523	3523
	荒漠区	544						544
2 天山北麓诸河	全流域合计	1055728	405265	331624	23434		97075	1152803
	其中：西段艾比湖水系	421866	191733	163833	8073		35973	457839
	中段诸河	535143	161167	122226	10286		49227	584370
	东段诸河	98719	52365	45565	5075		11875	110594
3 柴达木盆地诸河	全流域合计	485694	299211	220111	11217		90317	576011
	其中：西部诸河	319435	191535	139855	4522		56202	375637
	东部诸河	166259	107676	80256	6695		34115	200374
	青海湖、哈拉湖、沙珠玉河合计	222217	114099	57313	20834		77620	299837
4 青海湖	青海湖	132484	73205	72022	3253		4436	136920
5 疏勒河	全流域合计	349398	157273	145057	14069	3710	22575	371973
6 黑河	全流域合计	157423	80573	65482	5242	187	20146	177569
7 石羊河	全流域合计	313197	143394	91112	33439	2312	83409	396606
	其中："大靖河"水系及干流	88341	17638	15297	12884	2246	12979	101320
	"大河"水系及干流	11790	3905	2382	3311	47	4787	16577
	西大河水系	873						873
8 其他水系	8—4：叶尔羌金地诸河	105600	50638	31137	547		20048	125648
	8—5：哈密盆地诸河	45820	28402	18302	1032		11132	56952
	8—6：巴坍金地诸河	57524	31552	23653	2699		10579	68103
	8—8：哈拉湖、沙珠玉河	3249	11259	341	12966	19	23884	27133
西北内陆河地区总计		6205967	2809199	2351582	147600	6744	598473	6804440

附表9 西北内陆河地区1956～2000年水资源总量特征值表

序号	主要湖水系	西北内陆河地区河湖水系 子水系（重要支流）	面积（万km²）	水资源总量（万m³）	Cv	Cs/Cv	不同频率天然年径流量（亿m³）			
							20%	50%	75%	95%
1	塔里木河	全流域合计	100.26	3692721						
		其中：北西源流诸河	42.94	3199445	0.12	4.5	350.85	316.50	292.52	263.21
		南东源流诸河	19.66	489209	0.14	5.0	54.33	48.13	43.97	39.17
		干流区	3.16	3523	-	-				-
		荒漠区	34.50	544						
2	天山北麓诸河	全流域合计	14.89	1152803	0.12	7.0	126.01	113.37	105.21	96.27
		其中：西段艾比湖水系	4.98	457839	0.11	4.0	49.88	45.42	42.22	38.18
		中段诸河	8.14	584370	0.12	8.0	63.78	57.33	53.31	49.10
		东段诸河	1.77	110594	0.22	2.5	13.02	10.84	9.32	7.47
3	柴达木盆地诸河	全流域合计	27.51	576011	0.15	2.0	64.72	57.17	51.56	44.16
		其中：西部诸河	19.51	375637	0.16	2.0	42.51	37.24	33.35	28.25
		东部诸河	8.00	200374	0.19	2.0	23.15	19.80	17.36	14.21
4	青海湖	青海湖全区合计	4.60	299837	0.27	2.5	36.40	29.08	24.15	18.39
		其中：哈拉湖、沙玉河								
		青海湖								
5	疏勒河	全流域合计	12.45	136920	0.14	2.0	15.27	13.60	12.36	10.70
		其中：干流								
		党河								
6	黑河	全流域合计	15.17	371973	0.14	2.0	41.49	36.95	33.57	29.07
		其中：东部子水系								
		中西部子水系								
7	石羊河	全流域合计	4.16	177569	0.18	2.0	20.38	17.57	15.51	12.85
		其中：大清河区								
		"六河"水系及干流								
		西大河水系								
8	其他水系	其他水系合计	40.39	396606						
		其中：8-1：乌伦古河	2.54	101320	0.44	2.0	13.57	9.49	6.88	4.07
		8-2：古木万请小河	0.77	16577	0.24	4.5	1.96	1.59	1.37	1.15
		8-3：古尔班通古特荒漠	8.51	873	0.32	2.5	0.11	0.08	0.07	0.05
		8-4：吐鲁番盆地诸河	3.64	125648	0.17	6.0	14.18	12.21	11.00	9.77
		8-5：哈密盆地诸河	4.07	56952	0.22	2.5	6.70	5.58	4.80	3.85
		8-6：巴伊盆地诸河	5.65	68103	0.18	2.0	7.81	6.74	5.95	4.93
		8-7：阿拉善左右旗诸河	15.21	27133	0.28	2.0	3.32	2.64	2.17	1.60
		8-8：哈拉湖、沙珠玉河								
	西北内陆河地区总计		219.43	6804440						

附表10 西北内陆河地区2000年主要经济社会指标调查统计表

主要河湖水系	子水系（重要支流）	人口（万人）		GDP（万元）	农业总产值（万元）	火电累计装机容量（万kW）	工业总产值（万元）		工业增加值（万元）	
		总人口	其中：城镇人口				合计	其中：火核电	合计	其中：火核电
一 塔里木河	全流域合计	859.49	176.41	3790767	2250625	62	1567287	19384	930753	6784
	其中：北疆源流诸河	794.07	169.40	3621400	2058216	62	1550103	19384	920961	6784
	南疆源流诸河	46.18	7.01	116886	104709		17184		9792	
	干流区	19.24		52481	87700					
	荒流区									
二 天山北麓诸河	全流域合计	517.62	321.15	7374557	1398254	239	7319501	79788	2612211	27926
	其中：西段艾比湖水系	97.35	44.95	1142955	253887	13	1007242	3805	410402	1332
	中段诸河	375.27	260.65	5857853	925585	226	6250843	75983	2179336	26594
	东段诸河	45.00	15.55	373749	218782		61416		22473	
三 柴达木盆地诸河	全流域合计	32.51	22.45	518322	33703	10	674508	3571	299126	1230
	其中：西部诸河	17.13	14.56	435487	7303	9	659681	3115	291981	1073
	东部诸河	15.38	7.89	82835	26400	1	14827	456	7145	157
四 青海湖	青海湖全区合计	13.94	2.88	72981	36457		5144		2192	
	其中：哈拉湖、沙珠玉河									
五 疏勒河	全流域合计	51.72	20.76	458216	115088	9	767916	7225	198768	2023
	其中：干流									
	党河									
六 黑河	全流域合计	200.62	53.58	1171450	591060	18	931775	18200	317606	5096
	其中：东部子水系									
	中西部子水系									
七 石羊河	全流域合计	225.26	49.43	958777	437741	10	979498	11750	338859	3290
	其中：大靖河诸河									
	"六河"水系及干流									
	西大河诸河									
八 其他水系	其他水系合计	139.76	58.04	1260725	340192	15	755578	7728	472858	2705
	其中：8-1：乌伦古河	16.29	1.69	75129	50721		13525		10949	
	8-2：吉木乃河小河	3.62	0.80	27164	11468		4995		4190	
	8-3：古尔班通古特沙漠									
	8-4：吐鲁番盆地诸河	55.34	20.00	628390	127583	2	459046	553	304495	194
	8-5：哈密盆地诸河	37.72	25.39	306306	68777	13	172276	7175	85660	2511
	8-6：巴里坤盆地诸河	12.20	1.16	50972	35936		16965		9838	
	8-7：阿拉善左右旗诸河	14.59	9.00	172764	45707		88771		57726	
	8-8：哈拉湖、沙珠玉河									
西北内陆河地区总计		2040.92	704.70	15605795	5203120	363	13001207	147646	5172373	49054

续附表10

主要河湖水系	子水系（重要支流）	耕地面积（万亩）	播种面积（万亩）			农田有效灌溉面积（万亩）	粮食产量（万t）	农田实灌面积（万亩）				林牧渔用水面积（万亩）			牲畜（万头）		
			粮食作物	经济作物	小计			水田	水浇地	菜田	合计	林果地灌溉	草场灌溉	鱼塘补水	大牲畜	小牲畜	合计
1 塔里木河水系	全流域合计	2672.1	1139.4	1183.9	2323.3	2199.3	422.4	94.5	1988.0	72.3	2154.8	677.8	447.3	4.2	293.1	1780.8	2073.9
	其中：北西源流诸河	2391.7	1047.6	1049.2	2096.8	1981.6	388.6	90.7	1791.4	70.0	1952.1	624.3	388.3	4.1	266.1	1566.8	1832.9
	南东源流诸河	156.4	63.9	43.9	107.8	121.0	22.9	3.8	104.3	1.4	109.5	36.3	32.1	0.0	18.9	157.1	176.0
	干流区	124.0	27.9	90.8	118.7	96.7	10.9	0.0	92.3	0.9	93.2	17.2	26.9	0.1	8.1	56.9	65.0
	荒漠区	0	0	0	0	0	0	0	0	0	0	0	0	0	0	0	0
2 天山北麓诸河	全流域合计	1624.1	445.1	939.6	1384.7	1354.5	176.5	16.3	1217.4	83.8	1317.5	157.9	85.3	4.6	98.4	810.5	908.9
	其中：西段艾比湖水系	413.6	80.9	288.5	369.4	368.6	36.6	3.1	345.0	12.5	360.6	52.8	26.1	1.8	21.3	229.9	251.2
	中段诸河	824.3	196.4	571.7	768.1	730	80	13.2	634.5	61.1	708.8	91.0	38.7	2.8	52.9	411.3	464.2
	东段诸河	386.2	167.8	79.4	247.2	255.9	59.9	10.2	237.9	10.2	248.1	14.1	20.5	0	24.2	169.3	193.5
3 柴达木盆地诸河	全流域合计	70.2	30.9	25.3	56.2	60.8	8.1	0	55.0	1.3	56.3	3.2	69.6	0.1	12.4	180.6	193.0
	其中：西部诸河	9.2	2.8	4.9	7.7	9.2	2.8	0	6.9	0.9	7.8	0.1	12.8	0.1	2.3	33.0	35.3
	东部诸河	61.0	28.1	20.4	48.5	51.6	7.2	0	48.1	0.4	48.5	3.1	56.8	0	10.1	147.6	157.7
4 青海湖	青海湖全区合计	64.0	16.6	26.5	43.1	41.4	2.1	0	35.3		35.3	1.6	42.4	0	49.2	306.5	355.7
	其中：哈拉湖、沙珠玉河																
5 疏勒河	全流域合计	110.5	35.2	73.4	108.6	109.8	13.0	0	103.0	6.7	109.7	13.2	1.9	0.8	7.1	93.5	100.6
	其中：干流																
	党河																
6 黑河	全流域合计	530.0	311.4	264.0	575.4	392.2	119.6	9.6	358.6	19.9	388.1	67.5	72.5	2.4	68.8	368.0	436.8
	其中：东部子水系																
	中西部子水系																
7 石羊河	全流域合计	628.1	405.0	152.1	557.1	440.9	101.1	0	340.0	13.7	353.7	24.7	2.6	0	49.7	227.0	276.7
	其中：大靖河诸河																
	"六河"水系及干流																
8 其他水系	其他水系合计	330.1	118.9	140.0	258.9	217.7	29.4	0	182.9	9.1	192.0	87.2	108.6	2.6	54.2	440.8	495.0
	其中：8-1：乌鲁古河	60.6	22.5	34.9	57.4	29.2	6.9	0	24.3	1.0	25.3	7.4	54.3	1.8	18.3	112.4	130.7
	8-2：吉木乃诸小河	14.2	6.0	16.0	22.0	10.3	2.4	0	8.5	0.7	9.2	0.9	3.2	0	3.7	24.4	28.1
	8-3：古尔班通古特荒漠	0	0	0	0	0	0	0	0	0	0	0	0	0	0	0	0
	8-4：吐鲁番盆地诸河	95.5	40	42.5	82.5	62.3	5.2	0	57.6	3.6	61.2	39.7	7.6	0.2	9.4	90.8	100.2
	8-5：哈密盆地诸河	75.2	13.0	32.0	45.0	55.8	4.1	0	51.1	3.5	54.6	25.8	5.1	0.6	7.4	60	67.4
	8-6：巴部盆地诸河	74.6	24.3	14.6	38.9	47.0	7.5	0	41.4	0.3	41.7	4.0	22.6	0	8.7	72.8	81.5
	8-7：阿拉善左右翼诸河	10	13.1		13.1	13.1	3.3					9.4	15.8		6.7	80.4	87.1
	8-8：哈拉湖、沙珠玉河																
西北内陆河地区总计		6029.1	2502.5	2804.8	5307.3	4816.6	872.2	120.4	4280.2	206.8	4607.4	1033.1	830.2	14.7	632.9	4207.7	4840.6

附表11　西北内陆河地区2000年供水量调查统计表

主要河湖水系	子水系（重要支流）	地表水源供水量(万m³)			跨流域调水			地下水源供水量(万m³)				其他水源供水量(万m³)			总供水量(万m³)
		蓄水	引水	提水	调出流域名称	调入水量	小计	浅层淡水	深层承压水	微咸水	小计	污水处理再利用	集雨工程海水淡化	小计	
1 塔里木河	全流域合计	373502	2291002	12000			2676504	124142			124142	2114		2114	2802760
	其中：北西源流诸河	323834	2079365	6000			2409199	119794			119794	2114		2114	2531107
	南东源流诸河	8655	116023				124678	3233			3233				127911
	干流区	41013	95614	6000			142627	1115			1115				143742
	干荒漠区														
2 天山北麓诸河	全流域合计	249546	464093	2208		5500	721347	226991	10247		237238	4918		4918	963503
	其中：西段艾比湖水系	11700	221956	108			233764	42828			42828	294		294	276886
	中段诸河	220203	172339	2100		5500	400142	137383	9883		147266	4624		4624	552032
	东段诸河	17643	69798				87441	46780	364		47144				134585
3 柴达木盆地诸河	全流域合计	4381	92941	498			97820	12267			12267				110087
	其中：西部诸河	4381	17828	116			17944	10679			10679				28623
	东部诸河		75113	382			79876	1588			1588				81464
4 青海湖	青海湖全区合计	3049	29244	1162			33455	329			329		3	3	33787
	其中：哈拉湖、沙珠玉河														
5 疏勒河	全流域合计	43706	51390	2			95098	34624			34624				129722
	其中：干流														
	党河														
6 黑河	全流域合计	94561	220677	2231			317469	58730	816		59546				377015
	其中：东部子水系														
	中西部子水系														
7 石羊河	全流域合计	123236	13257	9181		8000	153674	128187			128187		46	46	281907
	其中：大靖河水系														
	"六河"水系及干流 西大河水系														
8 其他水系	其他水系合计	34246	98673	6100			139019	130182	2548		132730	158		158	271907
	其中：8-1：乌伦古河	9987	38998	2300			51285	818			818				52103
	8-2：吉木乃诸小河	4204	5363				9567	290			290				9857
	8-3：古尔班通古特荒漠														
	8-4：吐鲁番盆地诸河	5900	20037				25937	70654			70654	158		158	96749
	8-5：哈密盆地诸河	9700	15846				25546	49042			49042				74588
	8-6：巴伊盆地诸河	4400	18407	200			23007	5555			5555				28562
	8-7：阿拉善左右旗诸河	55	22	3600			3677	3823	2548		6371				10048
	8-8：哈拉湖、沙珠玉河														
西北内陆河地区总计		926227	3261277	33382		13500	4234386	715452	13611		729063	7190	49	7239	4970688

附表12　西北内陆河地区2000年用水量调查统计表

主要河流水系	子水系（主要支流）	城镇生活用水量（万m³）				农村生活用水量（万m³）				工业用水量（万m³）				农田灌溉用水量（万m³）				林牧渔用水量（万m³）				总用水量（万m³）
		城镇居民	城镇公共	城镇环境用水	小计	农村居民	大牲畜	小牲畜	小计	火(核)电	一般工业	小计	其中：城镇	水田	水浇地	菜田	小计	林牧地灌溉	草场灌溉	鱼塘补水	小计	
塔里木河	全流域合计	6577	5082	1146	12805	12715	5344	6470	24529	1898	14291	16189	14570	134078	1824846	60363	2019287	466810	256524	6616	729950	2802760
	其中：北疆源流诸河	6365	4950	1047	12362	11592	4851	5695	22138	1898	14131	16029	14426	128702	1636473	57813	1822988	432692	218607	6291	657590	2531107
	南疆源流诸河	212	132	99	443	779	345	573	1697		160	160	144	5376	76690	1338	83404	23402	18805		42207	127311
	干流区					344	148	202	694						111683	1212	112895	10716	19112	325	30153	143742
	荒漠区																					
天山北麓诸河	全流域合计	13821	12023	1857	27701	3485	1866	2890	8241	7561	49759	57320	51588	17935	682199	50855	750989	71777	39613	7862	119252	963503
	其中：西段艾比湖水系	1838	1523	400	3761	903	374	817	2094	304	5777	6081	5473	3324	213077	7984	224385	23720	13321	3524	40565	276886
	中段诸河	11490	10107	1302	22899	2073	1026	1466	4565	7257	41626	48883	43995	14611	358165	36955	409731	43533	18122	4299	65954	552032
	东段诸河	493	393	155	1041	509	466	607	1582		2356	2356	2120		110957	5916	116873	4524	8170	39	12733	134585
柴达木盆地诸河	全流域合计	628	226	287	1141	122	178	567	867	255	9887	10142	3448		62233	2208	64441	3805	29621	70	33496	110087
	其中：西部诸河	332	120	207	659	22	31	102	155	223	9753	9976	3386		9920	1628	11548	161	6061	63	6285	28623
	东部诸河	296	106	80	482	100	147	465	712	32	134	166	62		52313	580	52893	3644	23560	7	27211	81464
	青海湖全区合计	100	16		116	156	643	942	1741		18	18	14		16458	27	16485	1142	14285		15427	33787
	其中：哈拉湖、沙贝玉河																					
青海湖	青海湖	841	299	115	1255	524	90	203	817	411	14637	15048	14353		98086	6349	104435	6544	749	874	8167	129722
疏勒河	全流域合计	2122	832	544	3498	2377	896	897	4170	932	16176	17108	14968	8547	266520	15833	290900	28173	30680	2486	61339	377015
	其中：干流																					
	党河	737	653	161	1551	653	171	331	1155	52	3887	3939	3545		58877	4025	62902	22596	4324	282	27202	96743
黑河	全流域合计	2002	831	579	3412	2923	651	494	4068	619	14661	15280	14390		236426	10137	246563	11799	785		12584	281907
	其中：东部子水系																					
	中西部子水系																					
石羊河	全流域合计	2176	1751	333	4260	1537	1018	1740	4295	1057	6383	7440	5992		155266	8484	163750	44035	44957	3170	92162	271907
	其中："六河"水系及干流	2151	1739	312	4202	1484	951	1651	4086	1057	6341	7398	5955		147783	8001	155784	43741	43699	3140	90580	262050
	西大河水系	25	12	21	58	53	67	89	209		42	42	37		7483	483	7966	294	1258	30	1582	9857
其他水系	其他水系合计	46	26	49	121	272	339	410	1021		112	112	101		22093	800	22893	3496	22475	1985	27956	52103
	其中：8-1：乌伦古河																					
	8-2：吉木乃诸小河																					
	8-3：古尔班通古特荒漠																					
	8-4：吐鲁番盆地诸河																					
	8-5：哈密盆地诸河																					
	8-6：巴伊盆地诸河																					
	8-7：阿拉善左右旗诸河																					
	8-8：哈拉湖、沙贝玉河																					10044#
西北内陆河地区 总计		28267	21060	4861	54188	23839	10686	14203	48728	12733	125812	138545	119323	160560	3342034	154256	3656850	634085	417214	21078	1072377	4970688*

附表13 西北内陆河地区2000年用水消耗量估算表

主要河流河源水系	河湖水系	城镇生活耗水量(万m³)	城镇生活耗水率(%)	农村生活耗水量(万m³)	农村生活耗水率(%)	火核电耗水量(万m³)	火核电耗水率(%)	一般工业耗水量(万m³)	一般工业耗水率(%)	工业小计耗水量(万m³)	工业小计耗水率(%)	水田耗水量(万m³)	水田耗水率(%)	水浇地耗水量(万m³)	水浇地耗水率(%)	菜田耗水量(万m³)	菜田耗水率(%)	农田灌溉小计耗水量(万m³)	农田灌溉小计耗水率(%)	林牧渔耗水量(万m³)	林牧渔耗水率(%)	总耗水量(万m³)	总耗水率(%)
1 塔里木河	全流域合计	5381	42.0	24529	100.0	1383	72.9	6417	44.9	7800	48.2	80582	60.1	1255215	68.8	42336	70.1	1378133	68.2	506027	69.3	1921870	68.6
	其中：北疆诸流诸河	5172	41.8	22138	100.0	1383	72.9	6351	44.9	7734	48.3	77347	60.1	1138859	69.6	40756	70.5	1256962	69.0	455012	69.2	1747018	69.0
	南疆诸流诸河	209	47.2	1697	100.0			66	41.3	66	41.1	3235	60.2	51020	66.5	994	74.3	55249	66.2	29992	71.1	87213	68.2
	干流区			694	100.0									65336	58.5	586	48.3	65922	58.4	21023	69.7	87639	61.0
	荒漠区																						
2 天山北麓诸河	全流域合计	12260	44.3	8241	100.0	5551	73.4	17489	35.1	23040	40.2	11602	64.7	499163	73.2	36759	72.3	547524	72.9	84222	70.6	675287	70.1
	其中：西段乌比湖诸河	1631	43.4	2094	100.0	226	74.3	2454	42.5	2680	44.1	2041	61.4	152264	71.5	5667	71.0	159972	71.3	28425	70.1	194802	70.4
	中段诸河	10119	44.2	4565	100.0	5325	73.4	13972	33.6	19297	45.1	9561	65.4	264958	74.0	26738	72.4	301257	73.5	46731	70.9	381969	69.2
	东段诸河	510	49.0	1582	100.0			1063	45.1	1063	45.1			81941	73.8	4354	73.6	86295	73.8	9066	73.2	98516	73.2
3 柴达木盆地诸河	全流域合计	473	41.5	867	100.0	184	72.0	4004	40.5	4188	41.3			30673	49.3	1080	48.9	31753	49.3	25127	75.0	62408	56.7
	其中：西部诸河	288	43.7	155	100.0	161	72.0	3950	40.5	4111	41.2			4464	45.0	733	45.0	5197	45.0	4714	75.0	14465	50.5
	东部诸河	185	38.4	712	100.0	23	71.9	54	40.5	77	46.6			26209	50.1	347	59.8	26556	50.2	20413	75.0	47943	58.9
4 青海湖	青海湖全区合计	32	27.6	1741	100.0			8	44.4	8	42.3			11528	70.0	19	70.4	11547	70.0	10799	70.0	24127	71.4
	其中：哈拉湖、沙珠玉河																						
5 疏勒河	全流域合计	453	36.1	817	100.0	246	59.9	6435	44.0	6681	44.4			68118	69.4	4741	74.7	72859	69.8	6199	75.9	87009	67.1
	其中：干流、党河																						
6 黑河	全流域合计	1384	39.6	4170	100.0	543	58.3	7128	44.1	7671	44.8	5286	61.8	180244	67.6	11559	73.0	197089	67.8	44528	72.6	254842	67.6
	其中：东部子水系																						
	中西部子水系																						
7 石羊河	全流域合计	1419	41.6	4068	100.0	310	50.1	7203	49.1	7513	49.2			171595	72.6	7952	78.4	179547	72.8	9793	77.8	202340	71.8
	其中：大靖河水系及干流																						
	"六河"水系及干流																						
	西大河水系																						
8 其他水系	其他水系合计	1784	41.9	4295	100.0	399	37.7	2709	42.4	3108	41.8			115709	74.5	6266	73.9	121975	74.5	69384	75.3	200546	73.8
	8-1：乌伦古河	59	48.8	1021	100.0			55	49.1	55	49.1			15714	71.1	569	71.1	16283	71.1	20145	72.1	37563	72.1
	8-2：吉木乃诸小河	27	46.6	209	100.0			20	47.6	20	47.6			5327	71.2	343	71.0	5670	71.2	1141	72.1	7067	71.7
	8-3：古尔班通古特荒漠																						
	8-4：吐鲁番盆地诸河	690	44.5	1155	100.0	37	71.2	1579	40.6	1616	41.0			44092	74.9	2876	71.5	46968	74.7	20958	77.0	71387	73.8
	8-6：哈密盆地诸河	861	40.7	598	100.0	362	36.0	574	40.5	936	38.6			36903	77.2	2339	78.3	39242	77.2	13808	74.1	55445	74.3
	8-7：巴伊尔盖地诸河	34	41.0	643	100.0			59	40.7	59	40.7			13673	72.0	139	73.2	13812	72.0	6108	71.8	20656	72.3
	8-8：阿拉善左右旗诸河 / 哈拉湖、沙珠玉河	113	34.3	669	100.0			422	54.1	422	54.1									7224	87.4	8428	83.9
西北内陆河地区合计		23186	42.8	48728	100.0	8616	67.7	51393	40.8	60009	43.3	97470	60.7	2332245	69.8	110712	71.8	2540427	69.5	756079	70.5	3428429	69.0

附表14　西北内陆河地区2000年用水指标统计分析表

主要河湖水系	子水系（重要支流）	人均用水量 (m³/人)	单位GDP用水量 (m³/万元)	城镇生活用水指标 (L/人·日) 居民住宅	公共	综合	火核电用水指标 (万m³/万kW)	一般工业用水指标 (m³/万元) 按总产值	按增加值	林牧渔用水指标 (m³/亩) 林果灌溉	草场灌溉	鱼塘补水	农田灌溉用水指标 (m³/亩) 水田	水浇地	菜田	综合	农村居民用水指标 (L/人·日)	牲畜用水指标 (L/头·日) 大牲畜	小牲畜
1 塔里木河	全流域合计	3261	7394	102	97	199	31	91	154	689	573	1575	1419	918	835	937	51	50	10
	其中：北西源流诸河	3188	6989	103	97	200	31	91	153	693	563	1534	1419	914	826	934	51	50	10
	南东源流诸河	2770	10943	83	90	173		93	163	645	586		1415	735	956	762	54	53	10
	干流区	7471	27389							623	710	3250		1210	1347	1211	49	50	10
	荒漠区																		
2 天山北麓诸河	全流域合计	1861	1307	118	118	236	32	68	190	455	464	1709	1100	560	607	570	49	52	10
	其中：西段艾比湖水系	2844	2423	112	117	229	23	57	141	449	510	1958	1072	618	639	622	47	48	10
	中段诸河	1471	942	121	120	241	32	67	191	478	468	1535	1107	564	605	578	50	53	10
	东段诸河	2991	3601	87	96	183		384	1048	321	399			466	580	471	47	53	9
3 柴达木盆地诸河	全流域合计	3386	2124	77	62	139	26	147	331	1189	426	700		1132	1698	1145	33	39	9
	其中：西部诸河	1671	657	62	62	124	25	148	334	1610	474	630		1438	1809	1481	23	37	8
	东部诸河	5297	9834	103	65	167	32	90	188	1175	415			1088	1450	1091	37	40	9
	青海湖全区合计	2424	4630	95	15	110		35	82	714	337			466		467	39	36	8
	其中：哈拉湖、沙柳玉河																		
4 青海湖	青海湖	2508	2831	111	55	166	46	191	736	496	394	1093		952	948	952	46	35	6
5 疏勒河	全流域合计	1879	3218	109	70	179	52	174	509	417	423	1036	890	743	796	750	44	36	7
	其中：干流																		
	党河																		
6 黑河	全流域合计	1251	2940	111	78	189	62	150	433	478	302			695	740	697	46	36	6
	其中：东段子水系																		
	中西部子水系																		
7 石羊河	全流域合计	1946	2157	103	98	201	70	84	135	505	414	1219		849	932	853	52	51	11
	其中：大靖河水系																		
	"六河"水系及干流																		
	西大河水系																		
8 其他水系	其他水系合计																		
	其中：8-1：乌伦古河	3198	6935	74	122	196		83	102	472	414	1103		909	800	905	51	51	11
	8-2：吉木乃小河	2723	3629	86	113	199		100	100	327	393			880	690	866	51	51	10
	8-3：古尔班通古特荒漠	1748	1540	101	112	212	26	85	128	569	464			1022	1118	1028	51	50	9
	8-4：吐鲁番盆地诸河	1977	2435	118	110	229	77	82	165	597	464	1410		936	853	931	56	52	9
	8-5：哈密盆地诸河	2341	5603	104	92	196		85	147	282	327	1455		459	633	460	57	48	10
	8-6：巴伊盆地诸河	689	582	70	30	100		88	135	119	453					746	40	61	15
	8-7：阿拉善左右旗诸河																		
	8-8：哈拉湖、沙柳玉河																		
西北内陆河地区总计		2436	3185	110	101	211	35	97	243	614	503	1434	1334	781	746	794	49	46	9

附表15　西北内陆河地区2000年废污水及主要污染物排放量调查统计表

序号	主要河湖水系	子水系（重要支流）	废污水排放量（万m³）				污染物排放量（t）	
			城镇生活	工业	合计	其中火核电直流冷却水	COD	氨氮
1	塔里木河	全流域合计	10494.4	3079.4	13573.8	763.9	52239.7	5087.4
		其中：北四源流诸河	10269.9	3018.2	13288.1	763.9	51470.3	5000.3
		南东源流诸河	224.5	61.2	285.7	0.0	769.4	87.1
		干流区						
		荒漠区						
2	天山北麓诸河	全流域合计	15911.0	14794.1	30705.1	1324.7	154585.5	6432.7
		其中：西段艾比湖水系	4186.4	1443.1	5629.5	218.4	18635.0	2280.0
		中段诸河	11353.6	12704.7	24058.3	1106.3	132135.5	4051.0
		东段诸河	371.0	646.3	1017.3	101.7	3815.0	101.7
3	柴达木盆地诸河	全流域合计	668.2	5811.3	6479.5	71.5	8738.6	664.2
		其中：西部诸河	371.5	5740.5	6112.0	62.5	8454.8	646.3
		东部诸河	296.7	70.8	367.5	9.0	283.8	17.9
4	青海湖	青海湖全区合计	89.0	11.3	100.3		141.4	12.6
		其中：哈拉湖、沙珠玉河						
5	疏勒河	全流域合计	835.6	7740.1	8575.7	246.5	10037.0	970.3
		其中：干流						
		党河						
6	黑河	全流域合计	1771.7	8100.4	9872.1	543.2	17866.2	2150.6
		其中：东部子水系						
		中西部子水系						
7	石羊河	全流域合计	1680.2	7112.9	8793.1	309.7	15350.6	5654.0
		其中："大靖河"水系及干流						
		西大河水系						
8	其他水系	其他水系合计	2866.2	1708.4	4574.6	189.1	15003.7	841.8
		8-1：乌伦古河	66.9	29.0	95.9		303.2	9.6
		8-2：吉木乃诸小河	35.4	10.7	46.1		111.8	4.6
		8-3：古尔班通古特荒漠						
		8-4：吐鲁番盆地诸河	1180.7	1023.0	2203.7	15.8	6634.3	295.3
		8-5：哈密盆地诸河	1334.8	248.2	1583.0	173.3	5697.1	309.1
		8-6：巴伊盆地诸河	38.4	43.1	81.5		225.5	8.1
		8-7：阿拉善左右旗诸河	210.0	354.4	564.4		2031.8	215.1
		8-8：哈拉湖、沙珠玉河						
	西北内陆河地区总计		34316.3	48357.9	82674.2	3448.6	273962.7	21813.6

附表16 西北内陆河地区重点河流年均水质状况统计表

主要河湖水系		子水系（重要支流）	评价河长(km)	I类 河长(km)	I类 占评价河长(%)	II类 河长(km)	II类 占评价河长(%)	III类 河长(km)	III类 占评价河长(%)	IV类 河长(km)	IV类 占评价河长(%)	V类 河长(km)	V类 占评价河长(%)	劣于V类 河长(km)	劣于V类 占评价河长(%)
1	塔里木河	全流域合计	9848	107	1.1	6220	63.2	2926	29.7	550	5.6	45	0.5		
		其中：北西源流诸河	7370	107	1.5	5876	79.7	1287	17.5	55	0.7	45	0.6		
		南东源流诸河	1157			344	29.7	813	70.3						
		干流区	1321					826	62.5	495	37.5				
		荒漠区													
2	天山北麓诸河	全流域合计	2183			1452	66.5	511	23.4	72	3.3	107	4.9	41	1.9
		其中：西段艾比湖水系	781			322	41.2	390	49.9			69	8.8		
		中段诸河	1279			1051	82.2	77	6.0	72	5.6	38	3.0	41	3.2
		东段诸河	123			79	64.2	44	35.8						
3	柴达木盆地诸河	全流域合计	2610	152	5.8	1475	56.5	423	16.2			440	16.9	120	4.5
		其中：西部诸河	1532			724	47.3	248	16.2			440	28.7	120	7.8
		东部诸河	1078	152	14.1	751	69.7	175	16.2						
4	青海湖	青海湖全区合计	690			502	72.8	188	27.2						
		其中：哈拉湖、沙珠玉河													
		青海湖													
5	疏勒河	全流域合计	1576	831	52.7	655	41.6	25	1.6					65	4.1
		其中：干流													
		党河													
6	黑河	全流域合计	1817	155	8.5	986	54.3	109	6.0	518	28.5			49	2.7
		其中：东部子水系													
		中西部子水系													
7	石羊河	全流域合计	872			194	22.2	413	47.4	125	14.3	80	9.2	60	6.9
		其中：大清河水系													
		"六河"水系及干流													
		西大河水系													
8	其他水系	其他水系合计	1266	62	4.9	1094	86.4	73	5.8	37	2.9				
		其中：8-1：乌伦古河	689			689	100.0								
		8-2：吉木乃诸小河	62	62	100.0										
		8-3：古尔班通古特荒漠													
		8-4：吐鲁番盆地诸河	261			261	100.0								
		8-5：哈密盆地诸河	115			72	62.6	43	37.4						
		8-6：巴伊盆地诸河	62			62	100.0								
		8-7：阿拉善左右旗诸河	77			10	13	30	39.0	37	48.1				
		8-8：哈拉湖、沙珠玉河													
	西北内陆河地区总计		20862	1307	6.3	12578	60.3	4668	22.4	1302	6.2	672	3.2	335	1.6

附表17　西北内陆河地区水功能区年均分类达标统计表

主要河湖水系	子水系（重要支流）	一级区·河流 总个数(个)	达标个数(个)	百分比(%)	评价河长(km)	达标河长(km)	达标河长比例(%)	一级区·湖泊 评价湖泊面积(km²)	达标湖泊面积(km²)	达标湖泊面积比例(%)	二级区·河流 总个数(个)	达标个数(个)	百分比(%)	评价河长(km)	达标河长(km)	达标河长比例(%)	二级区·湖泊 评价湖泊面积(km²)	达标湖泊面积(km²)	达标湖泊面积比例(%)
1 塔里木河	全流域合计	27	24	88.9	6086	5526	90.8				37	24	64.9	3762	3083	82.0	1398		
	其中：北西源流诸河	22	20	90.9	4292	4048	94.3				34	22	64.7	3078	2436	79.1	1398		
	南东源流诸河	3	2	66.7	968	652	67.4				2	1	50.0	189	152	80.4			
	干流区	2	2	100	826	826	100				1	1	100	495	495	100			
	荒漠区																		
2 天山北麓诸河	全流域合计	17	13	76.5	1009	806	79.9	1070	1070	100	24	15	62.5	1174	756	64.4	458	458	100
	其中：西段艾比湖水系	7	6	85.7	328	267	81.4	1070	1070	100	5	3	60.0	453	215	47.5	454	454	100
	中段诸河	8	2	62.5	611	469	76.8				17	10	58.8	668	488	73.1	4	4	100
	东段诸河	2	2	100	70	70	100				2	2	100	53	53	100			
3 柴达木盆地诸河	全流域合计	15	11	73.3	2353	1403	59.6				8	8	100	257	257	100	110	110	100
	其中：西部诸河	7	4	57.1	1464.4	656	44.8				3	3	100	68	68	100			
	东部诸河	8	7	87.5	889	747	84.0				5	5	100	188	188	100			
4 青海湖	青海湖全区合计	5	5	100	501.5	502	100	4340	4340	100									
	其中：哈拉湖、沙珠玉河																		
5 疏勒河	全流域合计	5	5	100	966	966	100				11	9	81.8	610	545	89.3			
	其中：干流																		
	党河																		
6 黑河	全流域合计	9	7	77.8	989	664	67.1				12	8	66.7	828	594	71.7			
	其中：东部子水系																		
	中西部子水系																		
7 石羊河	全流域合计	7	2	28.6	250	70	28.0				10	7	70.0	622	437	70.3			
	其中：大靖河水系																		
	"六河"水系及干流																		
	西大河水系																		
8 其他水系	其他水系合计	14	10	71.4	803	621	77.3				13	9	69.2	540	415	76.9	1050	1050	
	其中：8-1：乌伦古河	3	3	100	445	445	100				2	1	50.0	244	244	100	1050	1050	
	8-2：吉木乃诸小河	1	1	100	27	27	100				1	1	100	35	35	100			
	8-3：古尔班通古特荒漠	3	0	0	145	0	0				3	1	33.3	116	28	24.1			
	8-4：吐鲁番盆地诸河	2	2	100	77	77	100				2	2	100	38	38	100			
	8-5：哈密盆地诸河	1	1	100	32	32	100				1	1	100	30	30	100			
	8-6：巴伊盆地诸河	4	3	75.0	76.5	39.5	51.9				4	3	75.0	77	40	51.9			
	8-7：阿拉善左右旗诸河																		
	8-8：阿拉善湖、沙珠玉河																		
西北内陆河地区总计		99	77	77.8	12958	10558	81.5	5410	5410	100	116	81	69.8	7981	6275	78.6	3016	568	18.8

附表18　西北内陆河地区地表水供水水质结构表

（单位：水量，万m³）

序号	重点河湖水系	子水系（重要支流）	供水总量	I类		II类		III类		IV类		V类		劣V类		符合或优于III类	
				水量	%	水量	%	水量	%	水量	%	水量	%	水量	%	水量	%
1	塔里木河	全流域合计	2676504	62639	2.3	2180000	81.4	426163	15.9	7702	0.3					2668802	99.7
		其中：北部源流诸河	2409199	62639	2.6	2086367	86.6	260193	10.8							2409199	100.0
		南东部源流诸河	124678			93633	75.1	31045	24.9							124678	100.0
		干流荒漠区	142627					134925	94.6	7702	5.4					134925	94.6
2	天山北麓河	全流域合计	721347			615935	85.4	94029	13.0	6545	0.9	1636	0.2	3201	0.4	709964	98.4
		其中：西段艾比湖诸水系	233764			183972	78.7	41610	17.8	6545	2.8	1636	0.7			225582	96.5
		中段诸河	400142			344522	86.1	52419	13.1					3201	0.8	396941	99.2
		东段诸河	87441			87441	100.0									87441	100.0
3	柴达木盆地诸河	全流域合计	97820	9106	9.3	59186	60.5	27877	28.5					1651	1.7	96169	98.3
		其中：西部诸河	17944			16293	90.8							1651	9.2	16293	90.8
		东部诸河	79876	9106	11.4	42893	53.7	27877	34.9							79876	100.0
4	青海湖	青海湖	95098					95098	100.0							95098	100.0
5	疏勒河	全流域合计	317469			1270	0.4	128257	40.4	187942	59.2					129527	40.8
		其中：干流															
		党河															
6	黑河	全流域合计	153674			27354	17.8	75608	49.2	1998	1.3	48715	31.7			102962	67.0
		其中：东部子水系															
		中西部子水系															
7	石羊河	全流域合计	33455			11040	33.0	22415	67.0							33455	100.0
		其中：大靖河水系及干流															
		"六河"水系及干流															
		西大河水系															
8	其他水系	全流域合计	139019			135342	97.4	3677	2.6							139019	100.0
		其中：8—1：乌伦古河	51285			51285	100.0									51285	100.0
		8—2：吉木乃诸小河	9567			9567	100.0									9567	100.0
		8—3：古尔班通古特荒漠															
		8—4：吐鲁番盆地诸河	25937			25937	100.0									25937	100.0
		8—5：哈密盆地诸河	25546			25546	100.0									25546	100.0
		8—6：巴伊盆地诸河	23007			23007	100.0									23007	100.0
		8—7：阿拉善左右旗诸河	3677					3677	100.0							3677	100.0
		8—8：哈拉湖、沙珠玉河															
	西北内陆河地区总计		4234386	71745	1.7	3030127	71.6	873124	20.6	204187	4.8	50351	1.2	4852	0.1	3974996	93.9

附表19　西北内陆地区地表水供水水质情况表

主要河湖水系	子水系（重要支流）	总供水 总量(万m³)	超标量(万m³)	超标比例(%)	生活供水 总量(万m³)	超标量(万m³)	超标比例(%)	工业供水 总量(万m³)	超标量(万m³)	超标比例(%)	农业供水 总量(万m³)	超标量(万m³)	超标比例(%)
1　塔里木河	全流域合计	2676504			17395			2289			2656820		
	其中：北西源流诸河	2409199			15898			2268			2391033		
	南东源流诸河	124678			1239			21			123418		
	干流区	142627			258						142369		
	荒漠区												
2　天山北麓诸河	全流域合计	721347	3015	0.4	21521			9113			690713	3015	0.4
	其中：西段艾比湖水系	233764			2251			1826			229687		
	中段诸河	400142	3015	0.8	16041			7189			376912	3015	0.8
	东段诸河	87441			3229			98			84114		
3　柴达木盆地诸河	全流域合计	97820	1650	1.7	632	9	1.4				97188	1641	1.7
	其中：西部诸河	17944	1650	9.2	111	9	7.8				17833	1641	9.2
	东部诸河	79876			521						79355		
4　青海湖	青海湖全区合计	33455			1594						31861		
	其中：哈拉湖、沙珠玉河	95098									95098		
5　疏勒河	全流域合计	317469	1497	0.5	1862	1497	80.4	61			315546		
	其中：干流												
	党河												
6　黑河	全流域合计	153674			7846			6485			139343		
	其中：东部子水系												
	中西部子水系												
7　石羊河	全流域合计												
	其中：大靖河水系												
	"六河"水系及干流												
	西大河水系												
8　其他水系	合计	139019	507	0.4	1577			102			137340	507	0.4
	其中：8-1：乌伦古河	51285			456			45			50784		
	8-2：吉木乃诸小河	9567			71						9496		
	8-3：古尔班通古特荒漠												
	8-4：吐鲁番盆地诸河	25937			340			57			25540		
	8-5：哈密盆地诸河	25546			241						25305		
	8-6：巴伊盆地诸河	23007			469						22538		
	8-7：阿拉善左右旗诸河	3677	507	13.8							3677	507	13.8
	8-8：哈拉湖、沙珠湖、沙珠玉河												
西北内陆河地区总计		4234386	6669	0.2	52427	1506	2.9	18050			4163909	5163	0.1

附表20　西北内陆河地区部分河道断流情况调查表

发生河道断流(干涸)的河流名称	发生断流(干涸)年份	最长断流河段位置	最长断流河段长度(km)	断流发生次数(次)	年断流天数(天)	省(区)	备注
叶尔羌河	1981	艾力克塔木下游90km—入塔河河口	205	1	365	新疆	塔里木河一级支流
	1987		205	1	365		
	1989		205	1	365		
	1992		205	1	365		
	1993		205	1	365		
	1995		205	1	365		
	1996		205	1	365		
和田河	1981~2000	两河汇合口—入塔河河口	319	1 (年均)	260 (年均)		
黑河	1991	高崖—哨马营	253	10	68	甘肃	
	1992		253	3	49		
	1993		253	3	50		
	1994		253	6	52		
	1995		253	5	83		
	1996		253	6	77		
	1997		253	6	94		
	1998		253	6	35		
	1999		253	8	72		
	2000		253	6	53		
	1980	哨马营—东居延海	216	1	238	内蒙古	
	1986		216	1	238		
	1991		216	1	238		
	1992		216	1	238		
	1993		216	1	238		
	1994		216	1	238		
	1995		216	1	238		
	1997		216	1	238		
	1999		216	1	238		
	2000		216	1	238		

附表21　西北内陆河地区地下水超采情况表

省(区)	地下水位降落漏斗名称	重点河流	行政区名称	漏斗性质	形成漏斗初始年份	漏斗区			漏斗中心			2000年地下水		总超采量(万m³)	
						面积(km²)	周边地下水埋深(m)	20世纪90年代年均扩展速度(km²/a)	所在县、乡、村	地下水埋深(m)	20世纪90年代年地下水位下降速率(m/a)	开采量(万m³)	超采量(万m³)	起止年份	超采量
新疆	阜康市	天山北麓中段	昌吉地区	潜水	1990	495	30	50	阜康市	40	0.47	5231	1000		10000
	柴窝堡	天山北麓中段	乌鲁木齐市	潜水	1995	865	2	173	柴窝堡	9	0.6	4426	500		2500
	乌鲁木齐市区	天山北麓中段	乌鲁木齐市	潜水	1988	219	10	18	乌鲁木齐市	26	0.47	12157	8000		96000
	乌鲁木齐下游区	天山北麓中段	乌鲁木齐市	潜水	1988	158	20	13	乌鲁木齐市	33	0.51	8166	5600		67200
	乌鲁木齐东山区	天山北麓中段	乌鲁木齐市	潜水	1988	233	15	20	乌鲁木齐市	27	0.35	3371	2800		45600
	昌吉市	天山北麓中段	昌吉地区	混合	1990	466	25	45	昌吉市	40	0.37	13670	3800		38000
	米泉市	天山北麓中段	昌吉地区	混合	1990	138	11	14	米泉市	16	0.47	13827	5300		53000
	呼图壁县	天山北麓中段	昌吉地区	混合	1990	462	30	46	呼图壁县	45	0.35	9296	3400		34000
	玛纳斯县	天山北麓中段	昌吉地区	潜水	1990	486	45	50	玛纳斯县	58	0.3	9660	3900		39000
	五家渠垦区	天山北麓中段	昌吉地区	潜水	1988	6343	5	530	五家渠	47	0.76	18541	10900		130800
	奇台县	天山北麓东段	昌吉地区	混合	1990	1198	12	120	奇台县	20	0.38	25873	7000		70000
	哈密地区诸小河	哈密盆地诸小河	哈密地区	潜水	1985	1216	8	80	哈密市	22	0.3	47894	9000		135000
甘肃	高坝镇双城镇	石羊河	武威凉州区	浅层地下水	1990	27.5	15	1	高坝镇双城镇	25	1.3	5214.4	357.5		17875
	民勤红崖山灌区	石羊河	武威民勤县	浅层地下水	1975	1312	15	6	红沙梁、昌宁	48	1.44	71000	41200	1970~2000	380000
	骆驼城	黑河	张掖	浅层地下水	1991	83	28	4.7	高台骆驼城	35	1	5145	1845		12915
	金塔漏斗	黑河	酒泉	浅层地下水	1994	260	2	0.2	金塔县城	12	0.07	2000	660		1800

附图 1

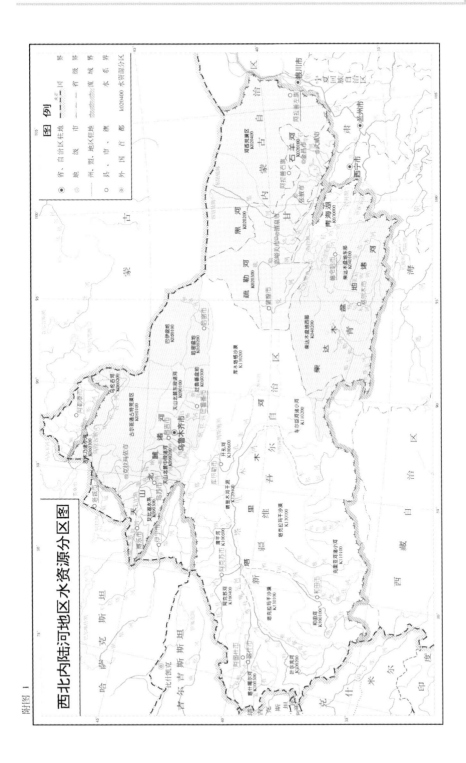

西北内陆河地区水资源分区图

附图 2

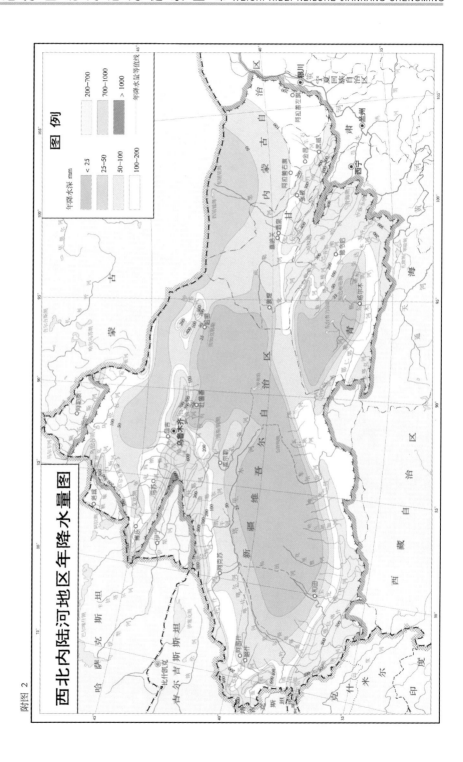

西北内陆河地区年降水量图

附图 3

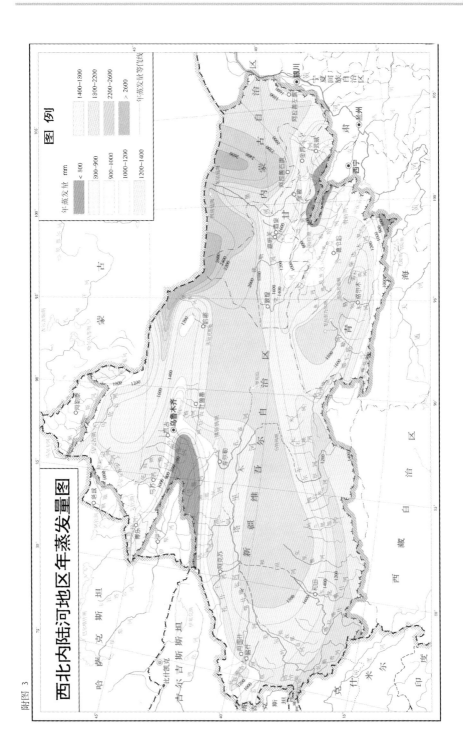

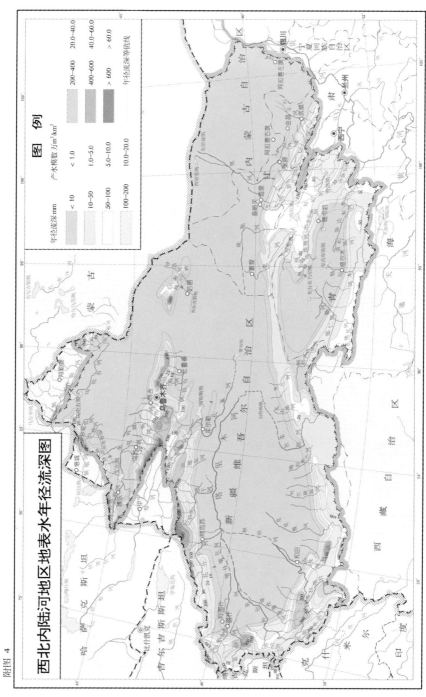

附图 4

附图 5

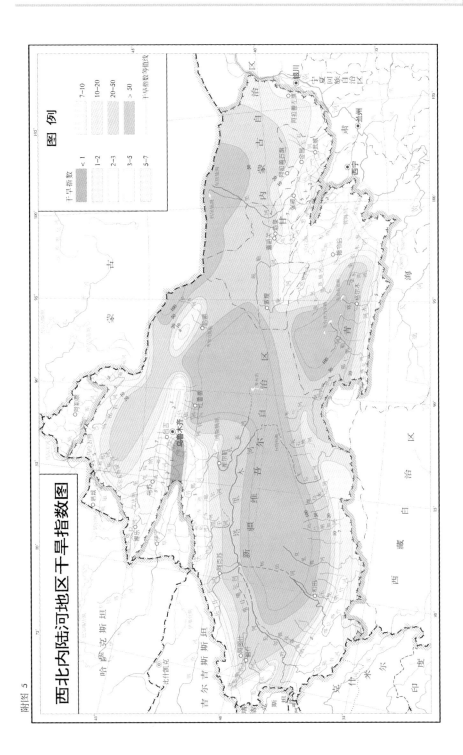

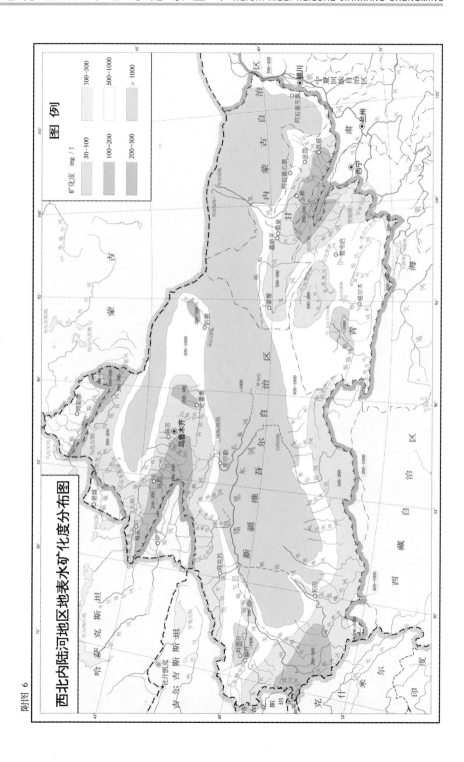

附图 6

西北内陆河地区地表水矿化度分布图

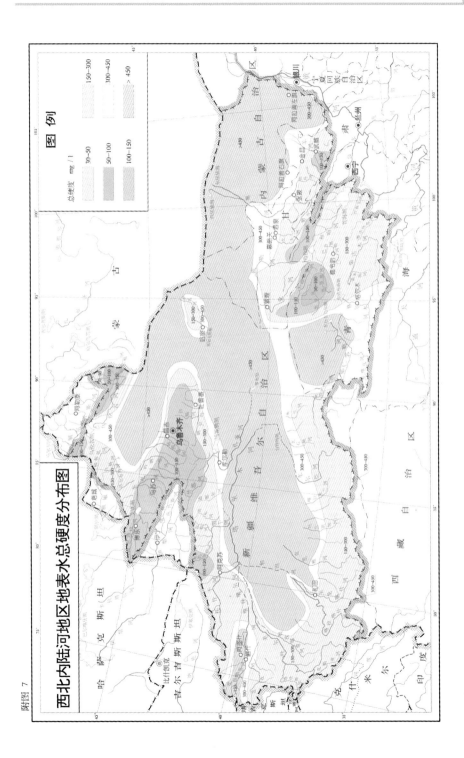

附图7　西北内陆河地区地表水总硬度分布图

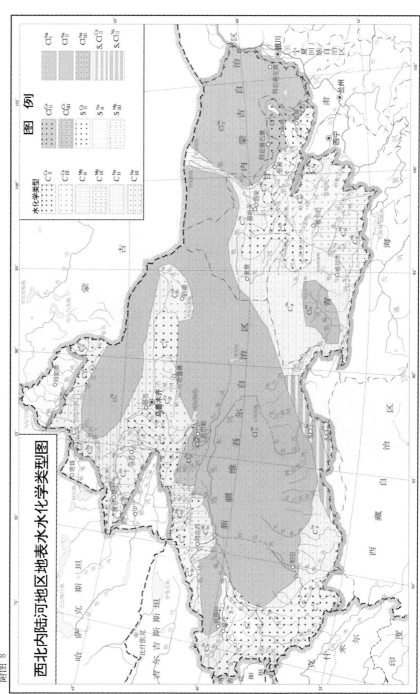

附图 8 西北内陆河地区地表水水化学类型图

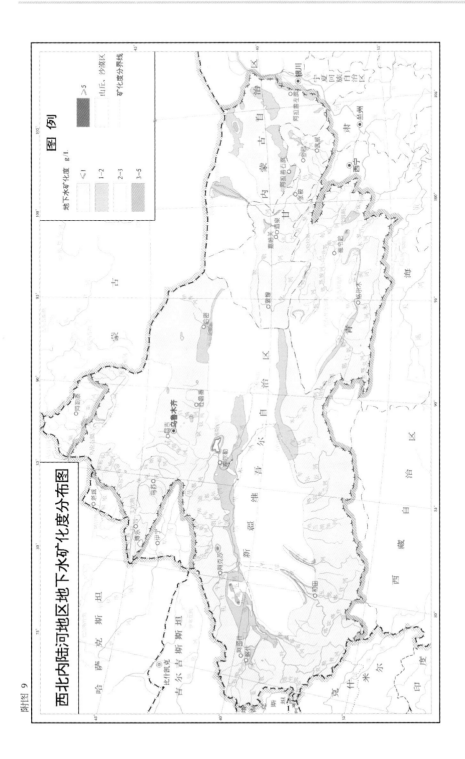

西北内陆河地区地下水矿化度分布图

附图 9

图 例

地下水矿化度 g/l

< 1
1—2
2—3
3—5
> 5

山丘、沙漠区

矿化度分界线

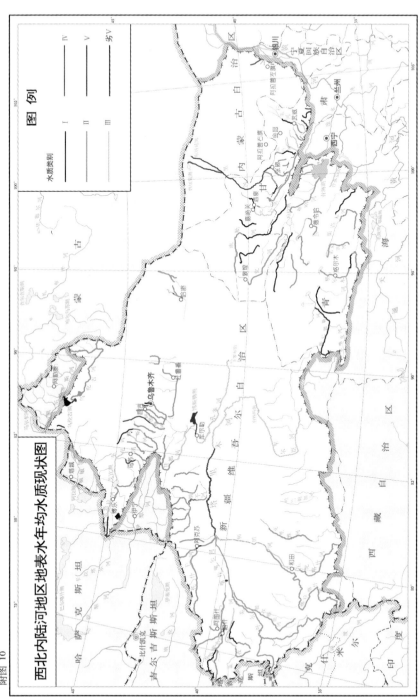

附图 10

附图 11

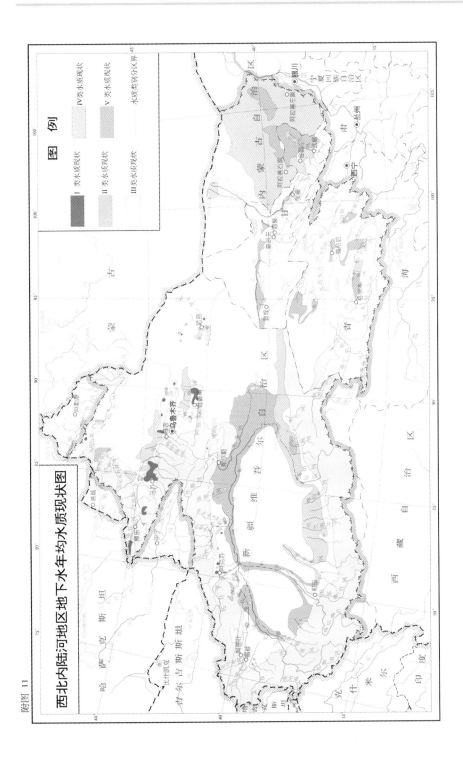

西北内陆河地区地下水年均水质现状图

附图 12

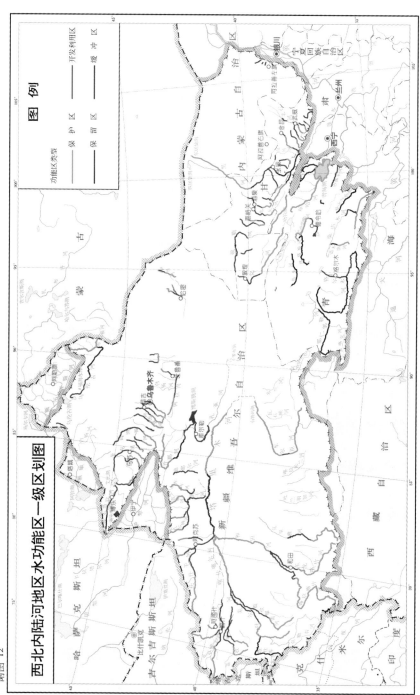

西北内陆河地区水功能区一级区划图

附图 13

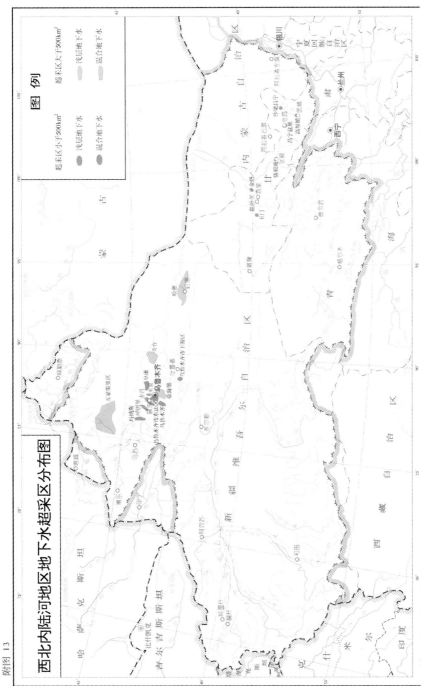

图书在版编目（CIP）数据

维持西北内陆河健康生命/李国英主编．—郑州：
黄河水利出版社，2008.6
"十一五"国家重点图书出版规划项目
ISBN 978-7-80734-333-2

Ⅰ.维… Ⅱ.李… Ⅲ.内陆河—流域—生态环境
—环境保护—研究—西北地区 Ⅳ.X321.24

中国版本图书馆CIP数据核字（2008）第009040号

责任编辑　王路平　简　群
美术设计　朱　鹏　何　颖
责任校对　杨秀英　兰云霞
责任监制　常红昕　徐海珍

组稿编辑：王路平　电话：0371-66022212　E-mail:hhslwlp@126.com

出　版　社：黄河水利出版社
　　　　　　地址：河南省郑州市金水路11号　　　邮政编码：450003
发行单位：黄河水利出版社
　　　　　　发行部电话：0371-66026940、66020550、66022620（传真）
　　　　　　E-mail:hhslcbs@126.com
承印单位：北京华联印刷有限公司
开　　本：787mm×1 092mm　　1/16
印　　张：16.5
字　　数：240千字　　　　　　　　印　　数：1-3 800
版　　次：2008年6月第1版　　　　印　　次：2008年6月第1次印刷

书号：ISBN 978-7-80734-333-2　　　　　　　定价：80.00元